Renu Kachhoria

Monitorização das florestas através de redes de sensores sem fios

Renu Kachhoria

Monitorização das florestas através de redes de sensores sem fios

Projeto e implementação de uma rede de sensores sem fios em camadas e localização de fontes sonoras em florestas

ScienciaScripts

Imprint
Any brand names and product names mentioned in this book are subject to trademark, brand or patent protection and are trademarks or registered trademarks of their respective holders. The use of brand names, product names, common names, trade names, product descriptions etc. even without a particular marking in this work is in no way to be construed to mean that such names may be regarded as unrestricted in respect of trademark and brand protection legislation and could thus be used by anyone.

Cover image: www.ingimage.com

This book is a translation from the original published under ISBN 978-620-7-80897-7.

Publisher:
Sciencia Scripts
is a trademark of
Dodo Books Indian Ocean Ltd. and OmniScriptum S.R.L publishing group

120 High Road, East Finchley, London, N2 9ED, United Kingdom
Str. Armeneasca 28/1, office 1, Chisinau MD-2012, Republic of Moldova, Europe
Printed at: see last page
ISBN: 978-620-7-87022-6

Monitorização de florestas através de redes de sensores sem fios

Dr. Renu Kachhoria

Resumo

Este livro destina-se a proteger a vida selvagem e as florestas através da implantação de uma rede de sensores sem fios em grandes áreas florestais. Os investigadores estão a trabalhar nas redes de sensores sem fios que enfrentam problemas de cobertura em termos de alcance de deteção e comunicação. Os terrenos ondulados, a folhagem, as massas de água, as aldeias e os vales no interior da floresta são as restrições que permitem estimar o alcance real de deteção e comunicação de qualquer nó sensor, por exemplo, o eMote. É por isso que a implantação dos nós sensores em grandes áreas de vários quilómetros quadrados de floresta é um problema difícil. A posição exacta de vários nós sensores deve ser decidida de forma a que estes tenham a melhor deteção e conetividade em toda a rede de sensores sem fios nas grandes áreas florestais. O trabalho de investigação visa a conceção e a implantação de uma rede de sensores sem fios em camadas com base em aplicações. Os objectivos específicos deste trabalho de investigação são a conceção e a implantação de redes de sensores sem fios em camadas em grandes áreas de florestas. A conceção do sistema inclui a arquitetura da rede de sensores sem fios em camadas, estratégias de implantação de nós sensores, esquema de encaminhamento de dados e uma interface de utilizador na estação de base.

Este livro apresenta também um algoritmo para a localização de fontes sonoras nas redes de sensores sem fios. O projeto da rede de sensores sem fios consiste em nós sensores idênticos. Cada nó pode detetar e enviar a informação para um local central, a estação de base. A estação de base será capaz de processar os dados através dos algoritmos fornecidos. O algoritmo proposto é um método combinado baseado na seleção heurística da área na topologia de grelha quadrada uniforme de nós sensores e na diferença de tempo de chegada do sinal sonoro aos sensores. Estes dois parâmetros são as chaves de acesso para calcular a localização da fonte sonora desconhecida. Os resultados da simulação confirmaram a exatidão do algoritmo apresentado.

Agradecimentos

Gostaria de manifestar a minha gratidão ao Professor Dr. P. Nagabhushan, Diretor do Instituto Indiano de Tecnologia da Informação de Allahabad, pela orientação das instalações de investigação.

Quero expressar a minha enorme gratidão aos meus respeitados supervisores, Professor M. Radhakrishna e Dr. Shirshu Varma, pela sua orientação em momentos críticos durante a elaboração de um livro. As suas sugestões e pensamentos deram força à minha investigação e encorajaram-me a ser um filósofo. Olho para eles com grande estima pelo seu profundo conhecimento e pela sua persistente busca da perfeição.

Shekhar Verma, ao Dr. Pavan Chakraborty, ao Dr. Utkarsh Goel, ao Dr. S. Venkatesan e ao Dr. Sudipta Das pelos seus comentários perspicazes e perguntas que me incentivaram a alargar a minha investigação a partir de várias perspectivas.

Estou grato ao Prof. Anish Arora por me ter dado a oportunidade de trabalhar nos Laboratórios WSN da Universidade Estatal de Ohio e na Samraksh Company em Columbus, nos Estados Unidos. Gostaria também de agradecer a Nived, Nathan, Anant, Jin He e Dhrubo pelo seu encorajamento.

Agradeço ao Dr. R. Sreenivasan Murthy, antigo diretor da Reserva de Tigres de Panna (PTR), Madhya Pradesh, e ao Dr. Ramesh Krishnamurthy, cientista do Instituto de Vida Selvagem da Índia (WII), por terem tornado possível a implantação e os testes de RSSF na PTR e no WII.

Gostaria de agradecer aos meus superiores, à minha equipa e aos meus amigos Dr. Chandrasekhar Gautam, Dra. Savita, Dra. Preetam Suman, Philip B. Kassey, Dra. Gajen- dra Sharma, Pallavi Gupta, Farah Naaz e Neera Saxena pelo apoio incondicional e pelo ambiente agradável que me proporcionaram no IIIT Allahabad.

Por último, é possível realizá-lo graças ao apoio do meu amado Peeyush, dos meus queridos sogros Shankuntala-Nandram Shankhwar e do meu querido pai D. D. Kachhoria.

Índice

Lista de abreviaturas

ADC	Analog to Digital Converter
AOA	Angle of Arrival
CCS	Central Command Station
CPU	Central Processing Unit
COA	Combinatorial Optimization Algorithm D
	Distance
DAC	Digital to Analog Converter
DARPA	Defense Advanced Research Projects Agency
DOA	Directional of Arrival
DSN	Distributed Sensor Network
DTDOA	Distributed Time Difference Of Arrival
EBRR	Event to Base Reliable Route
EKF	Extended Kalman Filter
FG	Forest Guard
FMS	Forest Monitoring System
GCC PHAT	Generalized Cross Correlation Phase Transform
GPIO	General Peripherals Input Output
GPS	Global Positioning System
GSM	Global System for Mobile
HART	Highway Addressable Remote Transducer ID
	Identity
IEEE	Institute of Electrical and Electronics
ISM	Industrial, Scientific and Medical
ITU	International Telecommunication Union
I2C	Inter-Integrated Circuit

Java-DSP	Java-Digital Signal Processing Joint
JTAG	Test Action Group Localization
LAA	Aware Algorithm Liquid Display
LCD	Crystal
LED	Light-Emitting Diode
LAWSN	Large Area Wireless Sensor Network Large
LSWSN	Scale Wireless Sensor Network Layered
LWSN	Wireless Sensor Network Media Access
MAC	Control
MC	Monte Carlo
MEMS	Micro-Electro-Mechanical Systems
ML-TDOA	Maximum Likelihood-Time Difference Of Arrival
MVDR	Minimum Variance Distortionless Response
MVRLR	Multiple Variable Robust Linear Regression
NAND	Not AND
NEST	Networked Embedded Systems Technology National
NTCA	Tiger Central Authority
PTR	Panna Tiger Reserve
RASSL	Reflection Aware Sound Source Localization
RF	Radio Frequency
RSI	Received Signal Indication Received
RSSI	Signal Strength Indication RealTime
RTFMS	FloodMonitoringSystem Smart
SC	Connect
SD Card	Secure Digital Card
SDIO	Secure Digital Input Output Simple
SHRP	Hierarchy Routing Protocol SOund
SOSUS	SUrveillance System
SNR	Signal to Noise Ratio Serial
SPI	Peripheral Interface Steered
SRP	Response Power

SSL	Sound Source Localization
TASK	Tiny Application Sensor Kit
TDOA	Time Difference Of Arrival
THT	Tri Hexagon Tiling
USB	Universal Serial Bus
UART	Universal Asynchronous Receiver Transmitter Very
VHF	High Frequency
WAN	Wide Area Network
WII	Wildlife Institute of India
WPAN	Wireless Personal Area Network
WSN	Wireless Sensor Network
WSSN	Wireless Sound Sensor Network

Capítulo 1: INTRODUÇÃO

1.1 Motivação da investigação

A monitorização da vida selvagem e das florestas é o principal requisito para controlar as actividades ilegais nas florestas. Várias organizações da Índia e do estrangeiro estão à procura de tecnologias que possam ajudar a proteger a vida selvagem e as florestas. As actividades ilegais nas florestas são:

1.1.1 Caça furtiva

Os caçadores furtivos estão a caçar tigres e outros animais para vender a pele, os ossos, a carne, os dentes, etc. para fins comerciais. Os tigres são o principal interesse devido ao preço elevado da pele, dos ossos e dos dentes. Os caçadores furtivos costumam instalar armadilhas envenenadas perto dos trilhos dos tigres e misturar veneno nas massas de água da floresta para matar os tigres. Também utilizam frequentemente o tiro para matar os tigres [1, 2].

1.1.2 Conflitos entre humanos e tigres

Há mais de 20 anos que ouvimos falar dos conflitos entre os seres humanos e os animais por causa do local onde vivem, dos alimentos e da água. Atualmente, estes conflitos tornaram-se um problema grave em muitas partes do mundo. O abate de animais e os danos causados pelos seus recursos constituem uma ameaça significativa. Do mesmo modo, estão a ocorrer actividades ilegais com os animais, que muitas vezes são abatidos e feridos em retaliação para evitar conflitos futuros[3, 4].

1.1.3 Entradas proibidas nas florestas

A entrada proibida nas florestas é uma grande preocupação para os funcionários florestais. Algumas pessoas estão a fazer entradas proibidas nas florestas através dos limites das aldeias com o objetivo de caçar furtivamente e também de destruir e danificar as florestas de várias formas, como a matança de animais e o corte de madeira, etc. [5, 6].

Em toda a Índia, existem cerca de 50 reservas de tigres que cobrem aproximadamente 2,12 % da área geográfica total da Índia[7] s. Uma vez que o tigre é o animal nacional da Índia, o governo indiano criou uma organização chamada NTCA (National Tiger Conservation Authority) para tomar medidas de proteção. As causas de morte podem ser mortes naturais, lutas internas, caça furtiva e conflitos entre humanos e tigres. Como mostra a figura 1.1, o gráfico apresenta o número de mortes de tigres ao longo de duas décadas. [7].

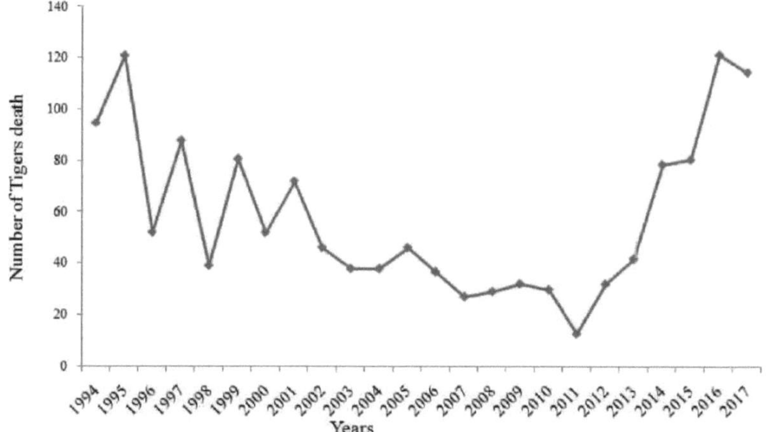

Figura 1.1: Número de mortes de Tigres por ano

1.2 Definição dos objectivos do trabalho de investigação

Depois de inspeccionarmos grandes áreas das florestas, desenvolvemos algumas acções convictas para proteger a vida selvagem, os seres humanos e as florestas. No entanto, tomámos algumas decisões com base nas práticas e nos acontecimentos anteriores nas florestas[8,9,10,11]. Desde que recolhemos dados suficientes ao longo de um período de tempo substancial nas florestas, o tipo de eventos e as suas localizações prováveis, a densidade da folhagem e os factores ambientais em diferentes períodos do ano. A investigação e as discussões com especialistas sobre os resultados logísticos das florestas deram-nos alguns pontos de vista para tomar decisões individuais sobre a conceção e a instalação das redes de sensores sem fios propostas para a vigilância das florestas. Assim, o objetivo exigia uma solução funcional que pudesse registar e comunicar eventos a um estado de janela pretendido como estação de base ou estação de guarda florestal (FG). A conceção e a implantação das redes de sensores sem fios implicam a conceção de um sistema completo de arquitetura de redes de sensores sem fios em camadas, estratégias de implantação de nós sensores, esquema de encaminhamento de dados e uma interface de acesso do utilizador no GF:

1.2.1 Conceção e implementação de RSSF em camadas

Este trabalho de investigação destina-se a proteger a vida selvagem e as florestas através da implantação de uma rede de sensores sem fios em camadas (LWSN) em grandes áreas de vários quilómetros quadrados nas florestas. O objetivo da conceção e implantação da LWSN envolve a conceção de um sistema completo de arquitetura de rede de sensores sem fios em camadas, estratégias de implantação para os nós sensores, esquema de encaminhamento de dados e uma interface de acesso do utilizador na FG.

1. Conceção e implementação de LWSN.
2. Arquitetura das LWSN.
3. Estratégias de implantação de nós sensores para uma LWSN.
4. Esquema de encaminhamento de dados da LWSN.
5. Uma interface de utilizador no FG da LWSN.

1.2.2 Localização de fontes sonoras em RSSF

Este trabalho de investigação introduziu também um algoritmo baseado na seleção heurística de uma grelha quadrada uniforme para a localização da fonte sonora nas grandes áreas das redes de sensores sem fios.

1.3 Redes de sensores sem fios

Durante a última década, tem havido uma enorme curiosidade e um grande interesse nas redes de sensores sem fios de grande área. Inicialmente, as RSSF foram motivadas por aplicações militares nos Estados Unidos. A Agência de Projectos de Investigação Avançada no domínio da Defesa (DARPA) apoiou uma série de projectos orientados para a investigação, como o Smart Dust, o NEST, etc. Estes projectos foram considerados como o principal suporte da investigação sobre as RSSF.

De acordo com Nack (2010)[12], as RSSF são redes sem fios que contêm normalmente uma enorme quantidade de serviços distribuídos ao longe e que são concebidas com sensores para monitorizar eventos ambientais ou físicos. Estes dispositivos funcionam de forma independente e estão logicamente relacionados com meios de auto-organização. As RSSF são um grupo de redes ad-hoc sem fios especiais (WAN). A WAN é um grupo de nós sem fios, que interagem diretamente com um canal sem fios normal. Não é necessária qualquer infraestrutura adicional para as redes ad-hoc. Assim, cada nó é concebido com o transcetor sem fios e actua como encaminhador, a fim de processar o pacote de dados para os seus nós de destino. A força destas redes sem fios baseia-se na sua capacidade de auto-sistematizar a infraestrutura de encaminhamento. À semelhança de outras redes de comunicação sem fios, a

O crescimento das RSSF tem uma diversidade de raízes. A história das RSSF pode ser classificada em quatro fases, nomeadamente

- Redes de sensores militares no período da guerra fria: Na primeira fase, durante a guerra fria, foram propostos nos EUA diversos projectos que podem ser considerados arquétipos de novas redes de sensores sem fios. Estes incluem o SOSUS (Sound Surveillance Systems), que era uma rede de sensores acústicos nos oceanos utilizada para detetar o grupo de submarinos soviéticos e vários sistemas de radar para defesa aérea.
- O grupo de projectos avançados de defesa assume o controlo: No início dos anos 80, a inclinação para a análise das redes de sensores foi proporcionada por programas iniciados pela DARPA (Defense Advanced Research Projects Agency), uma agência do Departamento de Defesa dos EUA. Eles promovem vários programas, ou seja, Distributed Sensor Networks (DSN) etc.

- Desenvolvimento de aplicações militares: No final da década de 1980, os resultados dos projectos da DARPA começaram a despertar a atenção dos planeadores militares. As instituições militares iniciaram programas para utilizar a tecnologia de sistemas de sensores para fins de conflito.
- Investigação atual: Atualmente, os exemplos proeminentes de normas recentemente estabelecidas são o HART sem fios ou o ZigBee, que dependem da norma de rádio IEEE 802.15.4.

Geralmente, no sistema de monitorização de grandes áreas, os nós sensores estão presentes na área de monitorização para comunicar com a estação de base. Cada nó sensor de monitorização tem duas funções: recolher informação e enviar a informação processada para os centros de monitorização chamados estações de base através da LWSN implementada. Os nós sensores incluem quatro unidades: unidade de sensor(es), unidade de comunicação sem fios, unidade de processador com memória e unidade de fonte de alimentação de baixa potência. Estas quatro unidades estão ligadas como mostra a figura 1.2: Nó sensor sem fios.

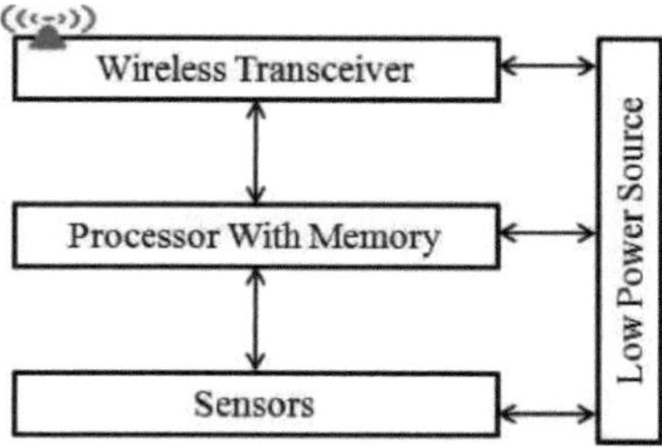

Figura 1.2: Nó sensor sem fios

De acordo com Cherian e Nair[13], uma rede de sensores sem fios inclui os nós sensores, que observam o terreno onde estão implantados e recolhem informações que comunicam à estação de base. Considera-se um modelo de fila de espera nos nós, em que os pedidos podem pertencer a uma de N classes de prioridade. Quando um pacote chega ao sistema, entra na fila de espera da sua classe de prioridade. Cada vez que um pacote é retirado da fila, o próximo pacote a ser servido é selecionado a partir do início da fila da classe de prioridade mais elevada não vazia. A atribuição da largura de banda com base na prioridade dos dados para as aplicações em que os nós sensores são implantados de forma ad-hoc para detetar eventos críticos. Os dados gerados nas RSSF têm diferentes níveis de prioridade. As RSSF são aplicações específicas, e várias aplicações das RSSF são concebidas para a monitorização de eventos vitais e para garantir a atualidade e a fiabilidade dos valores ambientais medidos.

Como afirma Agarwal [14], algumas características das RSSF incluem:

1. Arquitetura flexível e escalável;
2. O consumo de energia é limitado para nós com baterias;
3. Capacidade para lidar com falhas de nós;
4. Custo de produção;
5. Conceção do hardware;
6. Escalabilidade para grande escala de distribuição;
7. Easytouse;
8. Conceção de camadas cruzadas;
9. Capacidade para garantir condições ambientais severas;
10. Qualidade do serviço; e
11. Alguma heterogeneidade dos nós e mobilidade dos nós.

1.4 Desafios da implantação de LWSN

As redes de sensores sem fios têm um potencial tremendo, uma vez que irão expandir a nossa capacidade de monitorizar e interagir remotamente com o mundo físico. Os sensores têm a capacidade de recolher grandes quantidades de dados desconhecidos. Para que as RSSF se tornem verdadeiramente omnipresentes, é necessário ultrapassar uma série de desafios e problemas[15].

De acordo com Romer e Mattern (2005), as áreas de aplicação das redes de sensores sem fios são reconhecidas, tais como a agricultura e a monitorização da produção, a monitorização ambiental, a monitorização de espécies e a monitorização dos cuidados de saúde, etc. O âmbito da conceção das redes de sensores sem fios é a implantação, a dimensão e a energia, as infra-estruturas, a heterogeneidade, o custo, os recursos, a mobilidade, as modalidades de comunicação, as topologias de rede, a cobertura, a conetividade, a dimensão da rede, o tempo de vida e outros requisitos de QoS[16]. As aplicações do espaço de projeto são a observação de aves na ilha Great Duck[17], a ZebraNet[18], o pastoreio de gado[19], a monitorização de glaciares[20], a batimetria[21], a monitorização da água dos oceanos[22], a gestão da cadeia de frio[23], a montagem de peças[24], a monitorização de energia[25], a monitorização de sinais vitais[26], a auto-regeneração de campos de minas[27], a monitorização de uvas[28], o salvamento de vítimas de avalanches[29], o seguimento de veículos militares[30] e a localização de atiradores furtivos[31]. A implantação de LWSN apresenta alguns desafios:

1.4.1 Implantação de nós sensores

Existem várias estratégias práticas para a implantação dos nós sensores na área de observação, mas a determinação da posição óptima dos nós sensores é afetada por uma série de problemas críticos. A implantação dos nós sensores nas zonas terrestres ondulantes das florestas aumenta a complexidade da definição de um ângulo de absorção dos sinais na proximidade de obstáculos e de condições florestais diferentes, como a folhagem, a temperatura, a chuva, etc. Além disso, para contar o número de nós sensores necessários para cobrir a área de monitorização, o custo e o manuseamento são diretamente proporcionais ao número de nós sensores instalados. Muitas estratégias evolutivas consideraram o excelente alcance de deteção e de comunicação dos nós sensores, mas verificou-se que os obstáculos intermédios causam imperfeições no alcance de deteção e de comunicação. Assim, a conceção e o desenvolvimento de uma rede de sensores sem fios de grande área requerem um esquema original de implantação que possa funcionar para reduzir todos os problemas acima referidos.

1.4.2 Escalabilidade

Toda a área de observação deve ser coberta pelo alcance de deteção dos nós sensores e formar uma rede ligada de nós sensores. A rede de sensores alargada nas grandes áreas das florestas coloca as complicações para recolher dados de forma fiável em toda a área de observação. Nas RSSF, a comunicação multi-hop é um dos métodos ideais para transmitir dados de forma fiável para a estação de base, mas o número de hops esperado para recolher os dados na estação de base é um fator crítico para estimar a execução da rede. Se o número de saltos for superior, o desempenho da rede será afetado em termos de atraso de extremo a extremo e de fiabilidade dos dados. Assim, o número máximo possível de saltos necessários para recolher dados na estação de base deve ser planeado antes da implantação. A dimensão da área de monitorização, o alcance da deteção

O número de saltos e o número de nós sensores necessários para a criação de uma rede de sensores sem fios são decididos em função do alcance de comunicação dos nós sensores e da estratégia de implantação. Se a área de monitorização for uma floresta, então o número de nós sensores necessários é comparativamente elevado, pelo que é fundamental otimizar o custo e o manuseamento da implantação da rede de sensores sem fios.

1.4.3 Gama de deteção

Cada nó sensor tem um alcance de deteção conhecido. No entanto, é importante saber como é que uma área de observação está a ser detectada. Um evento só é detetável se estiver a ocorrer no raio de deteção de pelo menos um par de nós sensores na área de observação[32]. Normalmente, há duas variedades de sensores que funcionam na maioria das aplicações de sensores. Os sensores de curto alcance, que só podem ser detectados durante alguns metros. Os sensores tácteis são um exemplo de sensores de curto alcance utilizados na monitorização da saúde de um doente. O microfone é o sensor de longo alcance mais comum, que pode ser ouvido a um quilómetro de distância. As especificações de um nó sensor podem fornecer os valores da gama de deteção relativa dos sensores. No entanto, a medição do alcance de deteção dos sensores na área de observação é essencial antes da implantação efectiva. Um alcance de deteção inadequado pode gerar buracos de porções não vigiadas na área de observação. A utilização de sensores de grande alcance é preferível para aplicações em grandes áreas, a fim de reduzir o custo e o manuseamento do nó sensor para a implantação das redes de sensores sem fios.

1.4.4 Conectividade dos nós sensores

A conetividade dos nós sensores tem por objetivo transmitir informações de um local para outro. A rede de sensores sem fios ligada pode consistir num salto direto para a estação de base ou através de nós sensores de retransmissão. A complexidade da análise do desempenho das redes ligadas baseia-se na contagem do número de saltos. Se o número esperado de saltos for superior a um limiar médio de saltos, o desempenho das redes diminui. Para avaliar o desempenho da rede, é necessário medir os resultados do atraso de extremo a extremo, a qualidade das ligações e os métodos de retransmissão na comunicação multi-hop. No entanto, a conetividade entre os nós sensores depende também da execução da unidade de comunicação dos nós sensores numa determinada área de observação. Assim, o teste da unidade e a investigação das perdas de ligação na área de implantação são indubitavelmente necessários antes da conceção e da implantação da rede de sensores sem fios. Numa área de observação bidimensional, a distância euclidiana entre dois nós sensores **S1** e **S2** é denotada por dist(**S1,S2**). O alcance de comunicação **R** que pode ligar diretamente os dois nós sensores (S1, S2) à distância,

$$\mathbf{dist(S1,S2) \leq R}$$

No entanto, este é o caso quando as perdas na ligação são negligenciáveis. Os pormenores do modelo de comunicação proposto serão descritos na secção 3.6.3.

1.4.5 Robustez

Os nós sensores podem deixar de funcionar devido a interferências ambientais e à perda de energia. A rede de sensores sem fios implantada deve ser auto-configurável para manter as funcionalidades da rede sem qualquer atraso. A conceção da rede deve ser adequada para aceitar o comando de envio de dados de forma fiável para a estação de base. A informação sobre a avaria necessita de uma mensagem criada a partir dos nós vizinhos para atualizar a informação sobre os nós sensores avariados na estação de base. Para além disso, devido à falha dos nós sensores, pode haver a possibilidade de perdas de ligação na grande área florestal devido a condições inesperadas de solo ondulante ou folhagem. As perdas súbitas das ligações de comunicação ocorrem devido ao efeito de trajetória múltipla através dos troncos das árvores e da folhagem. Por isso, são necessários controlos específicos para identificar as perdas de pacotes

e mecanismos de recuperação de perdas de pacotes.

1.5 Introdução à localização da fonte sonora

Aqui, seria bom dizer que a necessidade é a mãe da invenção. O segundo objetivo do trabalho de investigação inclui a localização das actividades sonoras que são destrutivas para as florestas e a vida selvagem, tais como um tiro, o movimento de veículos, a escavação do solo e o abate de árvores, etc.

As necessidades actuais das RSSF têm suscitado um interesse renovado na questão da localização de fontes sonoras. Anteriormente, a localização de fontes sonoras tinha uma grande variedade de aplicações, como o inventário de bens, a gestão de recursos e o salvamento de emergência. A classificação das técnicas de localização de fontes sonoras (SSL) pode ser desenvolvida com base na natureza da informação dos nós sensores, na qual é utilizada para medir localizações. Assim, as WSSN (Wireless Sound Sensor Networks) podem medir a localização das fontes sonoras em função das seguintes medições: Medições TOA (tempo de chegada); Intensidade do Sinal Recebido (RSI); DOA (Direção de Chegada); TDOA (Diferença de Tempo de Chegada); e utilizando a função SRP (Steered Response Power). A localização de fontes sonoras por WSSNs oferece um enorme potencial para o crescimento de aplicações com reconhecimento de localização. De acordo com Pavlidi et al. (2013), quando cada nó em RSSF integra múltiplos microfones, o local de uma fonte sonora pode ser medido com base em medições de localização baseadas em DOA[33]. (Cobos et al., 2017), na localização de uma única fonte sonora, a localização pode ser avaliada como a ligação de linhas de suporte (ou seja, linhas provenientes de localizações de sensores nas direcções[z] s avaliadas DOAs), uma técnica chamada triangulação. Ao assumir a localização de múltiplas fontes sonoras, uma questão básica é que a relação exacta dos DOAs dos nós para as fontes não é identificada[34]. As outras variantes dos algoritmos de localização de fontes sonoras baseiam-se em

A função Response Power (SRP) [35,36], o método de correlação cruzada (CC) [37], o método de correlação cruzada generalizada (GCC) e o método de transformação de fase GCC [38]. O processamento dependente do tempo-frequência [39], Reflection-aware [40] são outro conjunto de métodos de processamento do algoritmo de localização da fonte sonora. O SSL também foi adquirido através do método de localização D-TDOA (Distributed Time Difference of Arrival). Este método distribui o trabalho de localização entre os agentes da rede, em que cada agente utiliza o Filtro de Kalman Alargado (EKF) para estimar a localização do alvo [41]. As RSSF são um tipo de FMS (sistemas de monitorização de florestas). Uma RSSF contém uma quantidade de nós sensores, ou seja, dispositivos informáticos ligados sem fios concebidos com sensores capazes de fornecer informações sobre o ambiente, funcionando com uma fonte de energia autónoma, por exemplo, painéis solares ou baterias. Vários projectos de investigação avançaram para a monitorização das florestas através da utilização de RSSF. O Forest Guardian WSN recolhe dados sonoros para detetar a assinatura sonora de actividades ameaçadoras como a desflorestação, os animais e os conflitos humanos nas florestas.

De acordo com Alexandridis e Mouchtaris (2015), as RSSF indicam um novo paradigma para a obtenção de sinais sonoros. Geralmente contêm nós, que são conjuntos de microfones ou microfones, e possuem capacidades de comunicação e processamento de sinais. As WSSNs determinam o uso em várias aplicações, como inteligência ambiental, aparelhos auditivos, monitoramento de som e telefonia de mãos livres. Normalmente, as técnicas de localização são divididas em duas classes: técnicas directas e técnicas indirectas[42].

1. Abordagem direta: As abordagens directas dependem da análise de um grupo de localizações de fontes viáveis e da construção de um mapa de probabilidade espacial, que explica a plausibilidade de uma fonte ser dinâmica em cada posição candidata.

2. Abordagem indireta: Alternativamente, as abordagens indirectas contêm um processo de duas fases: cada nó sensor é normalmente um conjunto de microfones, que avalia as medidas TDOA ou DOA. Depois disso, as medidas são fundidas num determinado nó (ou seja, no centro de fusão) para inferir a localização dos nós de origem.

1.6 Metodologia de localização de fontes sonoras

Este trabalho seguiu uma abordagem indireta de localização de fontes sonoras que é utilizada para os eventos sonoros como tiros e escavação do solo para colocar as armadilhas venenosas. Assume-se que o algoritmo para a deteção de eventos como tiros e escavação do solo é programado em processadores que estão incorporados nestes nós de sensores. Um guarda florestal que se encontra na estação de base da floresta está a observar toda a informação sobre os eventos. A Figura 1.3 mostra a metodologia do algoritmo de localização da fonte sonora. A metodologia de localização da fonte sonora divide-se em três etapas principais:

1. Os nós sensores são responsáveis pela deteção dos eventos sonoros e pela comunicação dos dados do evento. O pacote de dados do evento contém o ID do nó sensor, o ID do evento, o tipo de evento e o carimbo de data/hora recebido. O pacote de dados do evento será enviado para a estação de base através de comunicação multi-hop. O tamanho do pacote de eventos é apresentado na tabela 1.1.
2. O algoritmo proposto processa os dados do evento e resulta numa localização da fonte sonora.
3. Por fim, localizar no mapa o local onde ocorreu o evento e aparecer na interface de visualização da estação de base.

Tabela 1.1: Formato de dados do pacote de eventos

Bits	Data
16	Sensor ID
4	Event ID
4	Event Type
64	Received Timestamp

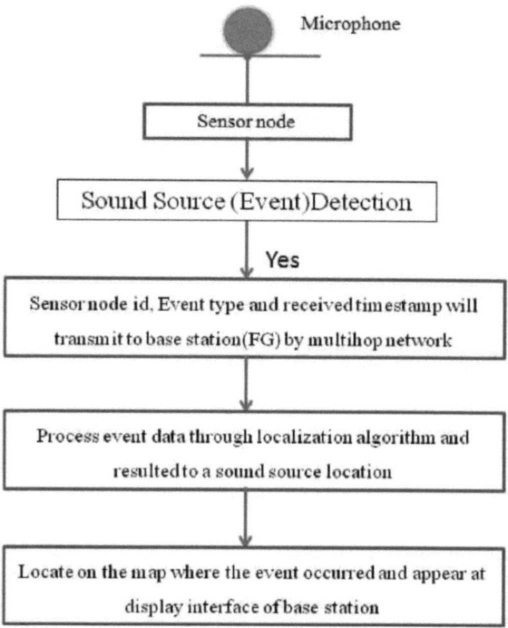

Figura 1.3: Metodologia de localização de fontes sonoras

1.7 Organização do livro

Capítulo 1 : Introdução

Este capítulo é composto pela motivação da investigação e por uma breve introdução às Redes de Sensores Sem Fios. Este capítulo descreve também uma breve introdução às LWSN e às suas características e principais desafios. Inclui ainda os objectivos definidos e a metodologia do trabalho de investigação.

C capítulo 2 : Revisão da literatura

O segundo capítulo da investigação é a revisão da literatura. Este capítulo irá explorar as investigações e estudos existentes do investigador[7] relacionados com a área de estudo, nomeadamente uma metodologia para a conceção e implementação de redes de sensores sem fios de grande área e localização de fontes sonoras nas florestas. Este capítulo analisa a conceção e implementação de várias aplicações em tempo real das RSSF. Posteriormente, este capítulo irá elaborar as técnicas de localização de fontes sonoras propostas por vários autores. Esta secção identifica as lacunas de investigação em ambos os objectivos, tais como a conceção e implementação de LWSN e as técnicas de localização de fontes sonoras acima referidas.

C capítulo 3 : Metodologia da investigação

O terceiro capítulo descreve as abordagens propostas para a conceção e a implantação da arquitetura da rede de sensores sem fios em camadas, a implementação de hardware e software, a abordagem de empacotamento dos nós sensores, o teste de perda de ligação antes da implantação, as estratégias de implantação, o esquema de encaminhamento e a interface de visualização na estação de base.

C capítulo 4 : Localização de fontes sonoras em LWSN

O quarto capítulo apresenta os métodos comuns de localização de fontes sonoras e, posteriormente, ilustra o projeto do sistema proposto, o algoritmo e o modelo de simulação da localização de fontes sonoras.

Capítulo 5: Resultados e análise

O quinto capítulo é dedicado aos resultados e à análise, onde se discutem os resultados da aplicação da RSSF proposta nas florestas da Reserva do Tigre de Panna. Este capítulo inclui também os resultados obtidos com o algoritmo de localização da fonte sonora proposto.

Capítulo 6: Conclusão e trabalho futuro

O sexto capítulo compilará as contribuições significativas do projeto de rede proposto e da implementação de LWSN e localização de fontes sonoras nas florestas e inclui também o âmbito futuro e a extensão da investigação proposta.

Capítulo 2: Revisão da literatura

Este capítulo apresenta uma panorâmica das análises existentes sobre o trabalho de investigação relevante para a conceção e a implementação de grandes redes de sensores sem fios e a localização de fontes sonoras nas florestas. Os resultados das actuais aplicações em tempo real são comparados com base em parâmetros como o número de nós sensores vizinhos, o atraso de ponta a ponta, a perda de pacotes, a sobrecarga de controlo e a taxa de transferência, etc. Este capítulo também apresenta as técnicas de localização de fontes sonoras centradas na diferença de tempo de chegada (TDOA). Por fim, é apresentada uma lacuna de investigação que preenche a lacuna dos estudos anteriores e também apresenta um resumo geral de todo o capítulo.

2.1 Conceção e implementação de LWSN

Inicialmente, o conceito de conceção e implantação de redes de sensores sem fios significava apenas algumas soluções funcionais para problemas em tempo real. Em 2002, uma aplicação em tempo real, a ZibraNet, funcionou com êxito no Centro de Investigação de Mpala, no centro do Quénia, através de uma rede de 30 nós sensores. A rede implantada inclui os nós sensores, como coleiras de rastreio personalizadas fixadas com um sistema de posicionamento global, um transcetor sem fios, memória flash e um pequeno CPU. Esses colares, transportados pelos animais na área de observação, funcionavam como uma rede ponto a ponto para enviar dados registados, tais como a distância percorrida e o ângulo de viragem da zebra, aos investigadores em vários nós de ligação. Tratava-se de uma aplicação de tipo periódico que armazenava e reencaminhava a informação para os pontos de receção[20].

Figura 2.1: Fonte: Margaret Martonosi, Universidade de Princeton[18]

Em 2003, foi criada outra aplicação em tempo real para identificar e localizar as chamadas de animais específicos. O sistema de monitorização do habitat baseia-se na conceção e implementação personalizadas de uma rede de sensores sem fios. A arquitetura do sistema delineada propõe um conjunto de algoritmos combinados de processamento de sinais para trabalhar no sistema de deteção de eventos em tempo real e também recomenda o acesso para reduzir a comunicação entre nós para prolongar a vida útil do sistema [43].

Joseph et al. instalaram uma rede de sensores sem fios de 32 nós durante quatro meses numa pequena ilha na costa do Maine para transmitir dados em direto para a Web. A ideia apresentada baseia-se na arquitetura de rede em camadas das RSSF, como se mostra na figura 2.2, em que os nós sensores foram implantados por partes no nível mais baixo e forneceram dados de deteção aos gateways da rede no nível superior, que os reencaminharam para a estação de base[19].

A conceção e a implantação de redes de sensores sem fios (RSSF) existentes sofriam de um problema de cobertura para as aplicações em tempo real de redes de sensores sem fios em grandes áreas. Liu e Towsley descreveram três domínios de cobertura relevantes. Em primeiro lugar, a fração da área coberta pelos nós sensores que é a área de cobertura. Em segundo lugar, a secção de nós sensores que pode ser removida sem afundar a área coberta, ou seja, a cobertura dos nós. Em último lugar, a capacidade da rede de sensores sem fios para reconhecer o objeto em movimento, designada por sensor

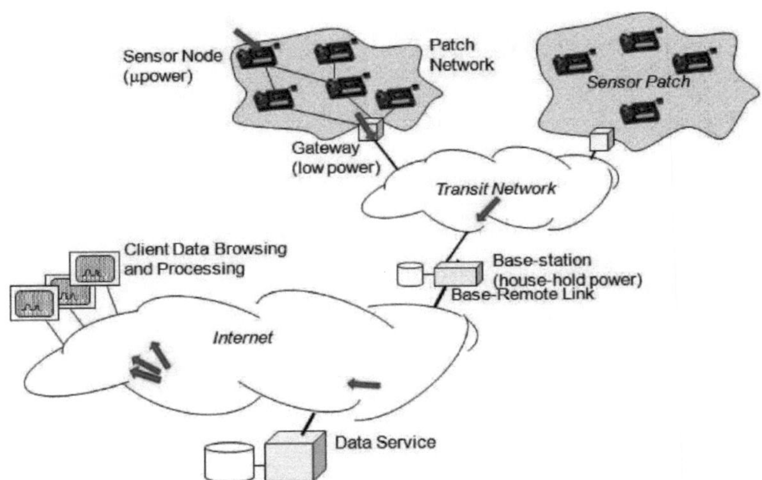

Figura 2.2: Rede de sensores da ilha Great Duck em 2003 [17]

nós dentro da área de observação. A cobertura diz respeito à caraterística do serviço prestado em termos do grau de fiabilidade da rede de sensores para monitorizar uma área de interesse e do grau de utilidade de uma rede de sensores para detetar receptores intrusos [44].

Durante esse tempo, foram introduzidas várias aplicações de redes de sensores, desde a monitorização ambiental à monitorização estrutural, para serem executadas em tempo real. No entanto, não é possível satisfazer as necessidades de processamento de dados de deteção de todos os tipos de aplicações através de um único kit de sensores. E um método convencional de conceção e implantação de redes de sensores requer a compra de muitos nós de sensores com associados de alimentação e a sua implantação na área de observação para formar um sistema fiável. Por fim, os pacotes de dados de deteção são enviados para a estação de base, mas as coisas não são assim tão simples. A maior parte das implantações requer uma equipa de peritos em informática a trabalhar em conjunto com alguns utilizadores inerentes, que implantam cuidadosamente os nós, configuram e até corrigem o código em tempo real, observam o comportamento da rede e estudam os dados recebidos, e regressam regularmente para observar e manter a saúde do sistema. Com a intenção de minimizar os esforços de muitos especialistas, foi criado um sistema de trabalho ilustrativo numa prateleira que é quase igual ao Tiny Application Sensor Kit (TASK) em tempo real. Uma aplicação de rede de sensores chave-na-mão para Berkeley que proporcionava uma implantação sem problemas e se destinava a apoiar a rede de sensores utiliza implementações como auto-explicativas, fáceis de configurar e fáceis de manter [45]. Existem várias estruturas deste tipo que começaram a trabalhar na implementação de arquitecturas multifuncionais que forneciam visualização personalizada e apresentação de topologias [46], que forneciam uma estrutura multicamada e uma interface gráfica do utilizador para os segmentos de visualização. O Surge Network Viewer e o MoteVIEW também são produtos da Crossbow Technologies para apresentação simples de informações e topologia de rede. Depois, o SNAMP, o NetTopo e o SenseWeb aumentaram as funcionalidades e a utilidade da visualização de dados sem fios [47]. O TinyDB [48] foi desenvolvido para a consulta de dados em redes de sensores. A maior parte deles está ligada à visualização dos parâmetros da rede e associada explicitamente aos suportes de hardware, como os Mica motes, Telosb, etc. Durante os encontros destes problemas na conceção e implementação de redes de sensores de grande área, foi concebido um sistema para identificar e distinguir os problemas encontrados durante as implementações. O sistema separado classificou os problemas através da inspeção passiva de pacotes de dados redundantes trocados e de pacotes de dados modificados transferidos nas redes de sensores sem fios [49]. Wint Yi Poe et al. [50] apresentaram a implantação aleatória de nós, em grelha quadrada e em Tri Hexagon Tiling (THT), em grandes redes de sensores sem fios, com base na cobertura k, como mostra a figura 2.3. A implantação aleatória não é uma decisão sensata para as LWSN devido ao valor imprevisível da cobertura k na área de observação. Por outro lado, a implantação possível de nós no padrão hexagonal THT é de 2 e 3 k de cobertura. A implantação de nós em grelha quadrada tem uma cobertura de 2,3 e 4 k, como mostra a figura 2.4. As métricas de desempenho medidas para os padrões aleatório, de grelha quadrada e de hexágono THT são o consumo de energia e o atraso no pior dos casos, como mostram as figuras 2.5 e 2.6.

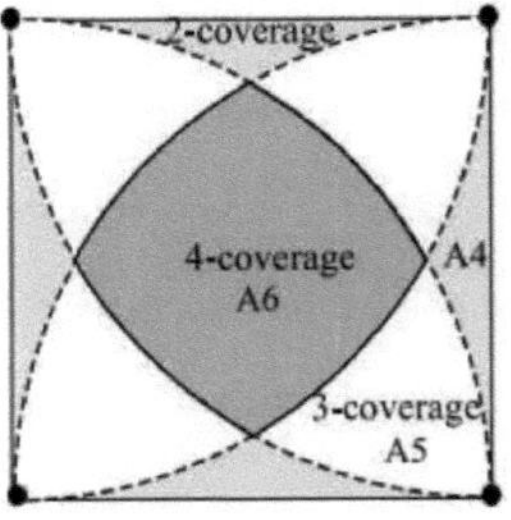

Square grid k-coverage map

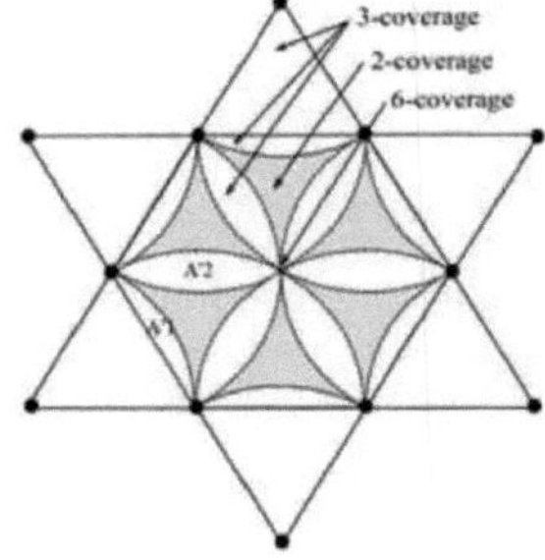

THT grid k-coverage map

Figura 2.3: Mapa K-Coverage da grelha quadrada e da grelha THT

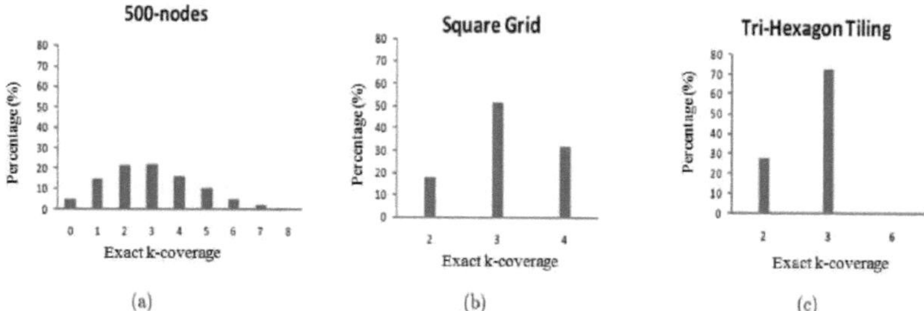

Figura 2.4: Gráfico K-Coverage da grelha quadrada e da grelha THT [52]

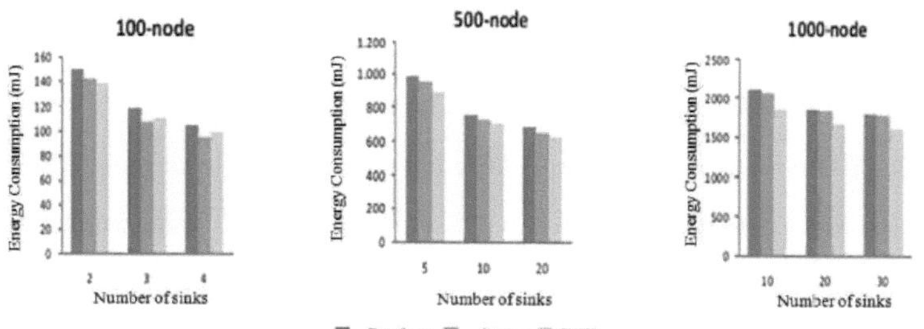

Figura 2.5: Consumo de energia em três cenários diferentes[52]

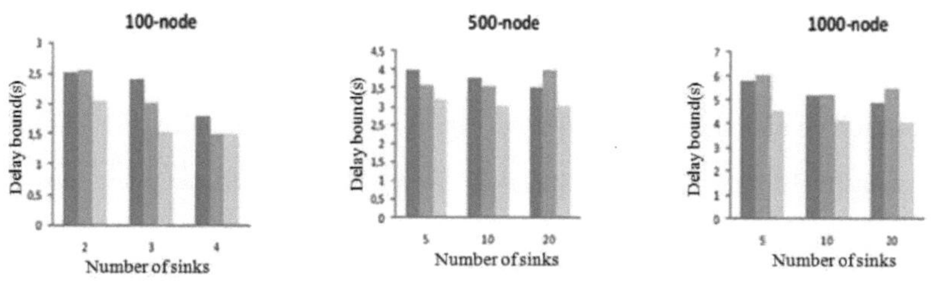

Figura 2.6: Limite de atraso em três cenários diferentes[52]

Utkarsh et al. apresentaram uma análise baseada na formulação de vários tipos de estratégias de implantação de nós, como o padrão Tri Beehive, o padrão Regular Hexagon e o padrão Octagon Square[51].

Aziz, Tarapiah et al., (2015) afirmaram que os sistemas de monitorização do tráfego geram uma quantidade significativa de dados, onde os sistemas, por sua vez, devem preparar estas informações úteis, particularmente os sistemas que necessitam de dados de arquivo para estimar corretamente o estado atual do tráfego. A implementação do protocolo indicado tem uma topologia linear que é exatamente como uma rede para grandes RSSF. Estas redes são constituídas por nós de baixa potência que estão ligados através de ligações sem fios numa única linha. O protocolo MAC é adequado para as RSSF. O protocolo proposto é retirado de um protocolo já existente, denominado protocolo MAC Jennic. JenNet é o protocolo de rede proprietário que é executado utilizando a rede Jennic. O objetivo do JenNet é simplificar o crescimento de novas aplicações no topo das redes sem fios Jennic, fornecendo uma implementação completa da camada de rede. A validade do MAC através da construção de um sistema perfeito de monitorização do tráfego rodoviário de ponta a ponta, utilizando quatro nós Jennic implantados num ambiente interior, com o objetivo de provar o potencial do MAC para satisfazer as expectativas das suas aplicações[52].

Khedo (2013) afirma que o sistema de monitorização de cheias em tempo real oferece previsões de cheias com base em dados rapidamente disponíveis para mostrar o comportamento provável das cheias. O principal objetivo do RTFMS (Sistema de Monitorização de Cheias em Tempo Real) é intercetar cheias nos rios usando cálculos simples e rápidos, para fornecer resultados em tempo real e salvar as vidas das pessoas que podem ser prejudicadas pela cheia. A técnica RTFMS utiliza as RSSF para monitorizar as condições da água: fluxo de água, nível e precipitação, numa área específica que é propensa a inundações. Esta técnica recomendada apresenta características vantajosas, nomeadamente a adaptabilidade do hardware dos sensores, a menor influência na atmosfera natural, a enorme capacidade da rede e a comunicação de longo alcance[53].

Seal et al. (2012) conferiram um modelo de previsão desenvolvido com a ajuda de

RSSFs para prever cheias em rios através de MVRLR (Multiple Variable Robust Linear Regression Technique). A arquitetura do presente sistema de previsão de cheias consiste em sensores que gerem e detectam os dados relevantes para as previsões, alguns nós designados por nós sensores computacionais que possuem amplos poderes de processamento e executam um algoritmo de previsão centralizado como mecanismo de redundância, emitem avisos e iniciam procedimentos de evacuação. Este modelo de previsão mostrou resultados muito precisos na previsão de quatro parâmetros necessários (evento, tempo, consulta e interrupção do sistema) para inundações quando os dados recolhidos são exactos. Os principais elementos do sistema são a recolha de dados hidrológicos, a previsão de inundações, a monitorização remota e o alerta de inundações[54].

Em 2012, T. Rama Rao et al. apresentaram medições de propagação de RF (radiofrequência) em algumas posições determinadas no ambiente de florestas e plantações para redes de sensores sem fio[55]. As medições de propagação de RF foram realizadas em 868/915/2400 MHz utilizando equipamentos de RF instalados a 1m do solo em cinco variedades diferentes de folhagem como mostra a tabela 2.1.

No entanto, muitos dos protocolos de encaminhamento evoluíram para diminuir o desperdício de energia na troca de pacotes de dados redundantes. Os protocolos de encaminhamento são eficientes para descobrir e manter as rotas optimizadas na rede. No entanto, a precisão de um protocolo de encaminhamento depende das competências dos nós sensores, do tipo de aplicações e dos seus requisitos. Os algoritmos de encaminhamento são classificados em três categorias

Tabela 2.1: Medições de propagação de RF a 868/915/2400 MHz [57]

	Average RSSI (-dBm)		
	868MHz	915MHz	2400MHZ
Position 1 (Forest)	98.1	100.8	111.8
Position 2 (Forest)	102.8	103.9	111.6
Position 3 (Forest)	93.9	92.1	104.1
Position 4 (Mango Garden)	92.6	94.4	109.4
Position 5 (Guava Garden)	95.5	95.1	102.1

categorias de algoritmos que podem ser implementados nas redes de sensores. Os algoritmos centralizados são executados num nó sensor com o objetivo de manter a notificação de todo o sistema. Por outro lado, os algoritmos distribuídos têm como objetivo comunicar na rede através da passagem de mensagens. Além destes dois limites de algoritmos centralizados e distribuídos, os algoritmos baseados localmente são executados numa rede de sensores para restringir o fluxo de dados apenas aos vizinhos numa área próxima. Incluiu as técnicas de otimização na área dos protocolos de encaminhamento em redes de sensores sem fios, centrando-se num protocolo designado SHRP (Simple Hierarchical Routing Protocol) que tentava prolongar o tempo de vida da rede através da seleção da melhor rota em combinação com técnicas de qualidade da ligação e de equilíbrio de carga [56]. De acordo com Diedrichs et al. (2014), a técnica de rede de sensores sem fio de baixa potência é realizada com base no IEEE-802.15.4 para FrostMonitoring in Agriculture Research. Foi utilizada para a caraterização da geada na agricultura, incluindo a temperatura. A RSSF implementada foi concebida de acordo com os requisitos dos engenheiros agrónomos e da equipa do investigador[7] s, que são: tomar e armazenar medições periódicas de temperatura com a sua informação de contexto, como a localização do sensor e o carimbo de data/hora; fornecer informações sobre o desempenho da rede; personalizar o intervalo de medição da temperatura; e acesso remoto a ferramentas de relatório do estado do sensor. O protótipo de implantação da RSSF utiliza motes do tipo RCB23 0 Radio ControllerBoard V3.2. Cada RFD é alimentado por baterias de dissulfureto de ferro e lítio (LiFeS2), concebidas para funcionar a baixas temperaturas. O protocolo utilizado para a comunicação na RSSF é o IEEE 802.15.4, que abrange a camada física e a subcamada MAC (controlo de acesso ao meio) e prevê apenas as topologias peer to peer ou estrela como possíveis numa rede pessoal sem fios (WPAN) [57].

De acordo com Bhattacharya et al. (2012), o Smart Connect é uma ferramenta de apoio à conceção e implantação de redes de retransmissão multi-hop para ligar sensores sem fios a um centro de controlo, para aplicações de monitorização e controlo não críticas. A versão atual do Smart Connect fornece uma metodologia para a conceção e implantação de redes de sensores que transportam tráfego de medição de baixa taxa (tráfego ligeiro), típico de aplicações como a monitorização de condições e o registo de dados não críticos. O processo de conceção baseia-se no Algoritmo de Otimização Combinatória. Concluiu-se que a técnica proposta foi empregue e considerou um modelo de tráfego ligeiro, de modo a que a qualquer momento, com grande probabilidade, apenas um pacote esteja a atravessar as redes[58]

Em 2017, Mohammad Hammoudeh et al. introduziram o conceito de barreira de cobertura k na região fronteiriça. Partiu-se do princípio de que os intrusos tentam atravessar a largura da fronteira. Diz-se que a região fronteiriça é uma barreira coberta por k, se todos os caminhos de travessia passarem pela região da barreira coberta por k[59].

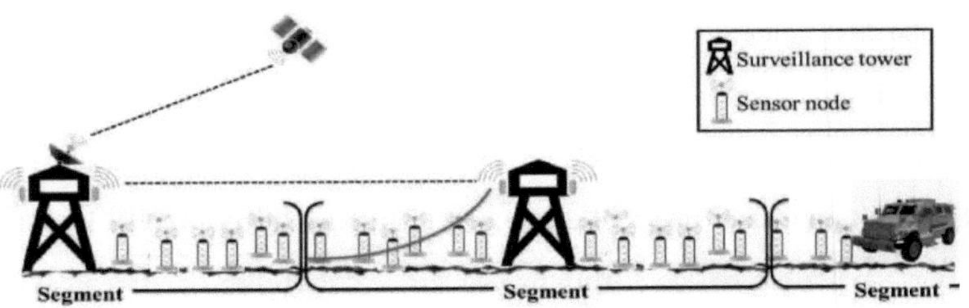

Figura 2.7: Sistema de controlo das fronteiras[59]

2.1.1 Questões de arquitetura das RSSF em camadas

Li et al. (2009) discutiram as questões de conetividade, posicionamento e cobertura em RSSF de grande escala. Nas RSSF, a comunicação sem fios pode ser efectuada através de transmissão sem fios de salto único ou de múltiplos saltos (ad-hoc). O segundo é famoso em aplicações de curto alcance, como as casas inteligentes, enquanto o primeiro, o método ad-hoc, atrai mais atenção devido à sua elevada flexibilidade e capacidade de suportar LSWSNs e aplicações consideravelmente distribuídas. Neste estudo, os investigadores concentraram-se nas RSSF que adoptam a transmissão ad-hoc. Para as LSWSN, a colocação aleatória tem recebido mais atenção. Nas LSWSN, o aumento da potência de transmissão pode fazer aumentar a distância de transmissão de cada nó, o que aumenta a possibilidade de conetividade da rede. A enorme potência resulta em graves obstruções no interior da rede, o que diminui a capacidade da rede e debilita o desempenho da descodificação do recetor[60].

Paul e Sato (2017) estudaram aplicações e desafios das LSWSNs para localização. As técnicas distribuídas e centralizadas podem ser comparadas a partir de várias percepções, incluindo complexidade de implementação, complexidade computacional, precisão de avaliação de localização e eficácia energética. As técnicas de localização distribuída podem ser implementadas de forma eficiente em redes de sensores sem fios de grande área (Large Area Wireless Sensor Network - LAWSN) e são consideradas computacionalmente mais eficientes. Em certos tipos de redes, os nós individuais têm uma capacidade de processamento restrita para poupar energia; os dados relacionados com a localização podem ser combinados com outros dados e depois enviados de volta para o nó sensor de processamento central. Os resultados sugerem que as técnicas centralizadas sofrem de problemas de escalabilidade e não são adequadas para RSSF de grandes áreas[61].

2.2 Localização da fonte sonora

2.2.1 SSL baseado na diferença de tempo de chegada

Yang et al. (2009) propuseram uma equação de redução de metade da reverberação para a estimativa de TDOA. Sob o pressuposto de que a parte da gama de potência cruzada teve a oportunidade de ser direta através de uma configuração de oferta única padrão, inferiu a reverberação de uma parte da gama de potência cruzada de sinais de informação binaural. Para afirmar uma estimativa sólida, os componentes de revetbetatecomponentes quadrados medem adaptativamente o paradigma estacionário da bandeira do discurso. A partir das consequências da configuração falsificada produzida pelo modelo de oferta de imagem alterada (ISM), foi verificado que a execução da estimativa de TDOA foi surpreendentemente aprimorada mesmo em situações graves de r≡vebaate e rangido. É, em geral, confirmado que a difusão da equação antecipada na zona certa. Aqui o criador utilizou a fórmula GCC-PHAT, reverberar meia equação, fórmula SSL. As descobertas não tinham experiência prática no altifalante móvel. Os parâmetros de suavização não parecem, de acordo com todos os relatos, ser adequadamente controlados para tomar depois de um período de configuração de espaço variável[62].

De acordo com Nikunen e Virtanen (2017), a apresentação do TDOA para o recetor redondo foi feita e foi feita uma avaliação da apresentação proposta por correlação com TDOAs de medida exacta, demonstrando uma mudança definitiva em relação ao TDOA de campo livre de investigação. Além disso, esclarece-se que a materialidade da técnica proposta é demonstrada através da avaliação da sua execução na tarefa de estimação do DOA da fonte. Os resultados mostraram uma execução melhorada em relação à suposição de campo livre, particularmente na situação turbulenta, e uma execução comparativa em contraste com a orientação e a reprodução de IRs de clusters circulares. A vantagem do algoritmo proposto demonstra a produtividade computacional concebível resultante da utilização de apenas um adiamento solitário para ajustar os sinais de exposição. As estratégias de filtragem espácio-temporal são

utilizada como parte desta investigação para descobrir a diferença de tempo de chegada (TDOA). A técnica proposta consegue uma mudança relativa de pouco mais de 40% na precisão do TDOA, em contraste com a proliferação em campo livre, e os TDOAs extraídos de IRs explicativos de um grupo de amplificadores circulares dão uma mudança extra de 10%. Pode ser comparada com outras técnicas de propagação para aumentar a precisão[63].

Farmani et al., (2017) propuseram três estimadores de DOA baseados na maior probabilidade para uma estrutura de amplificadores (HAS) que se aproxima da bandeira do alvo sem clamor através de um recetor remoto. Os estimadores DOA propostos dependem de três modelos distintos das capacidades de troca relativa (RTFs) entre os amplificadores HAS[7] . Estes modelos de RTF, a que chamamos

(i) o modelo de campo livre-campo distante, (ii) o modelo de cabeça redonda, e (iii) o modelo de RTF deliberado, falam, com exatidão crescente e natureza multifacetada, do impacto da sombra da cabeça do cliente nos sinais de impacto. São utilizados cálculos SSL, preparação subordinada à recorrência, eficácia computacional e cálculos de baixa inércia. A técnica proposta não se concentrou no aumento dos estimadores para ter em conta os atributos transitórios da cena acústica, demonstrando o desenvolvimento relativo da cabeça do cliente e da fonte objetiva[64].

De acordo com Rui e Florêncio (2014), quando se utilizam mais de dois receptores, o TDOA SSL tradicional é um processo de dois avanços (designado por 2-TDOA neste documento). Na etapa inicial, o TDOA é avaliado para cada combinação de bocais. As novas capacidades de ponderação podem, ao mesmo tempo, lidar com o ressonador e com a comoção envolvente, alcançando maior exatidão e potência. Os cálculos fundamentais para numerosos receptores SSL são o 2-TDOA e duas metodologias directas (SB e 1-TDOA). É produzida uma estrutura conjunta que inclui cada uma das três metodologias. O teste revela uma execução predominante da SSL das abordagens propostas em relação às metodologias directas e de duas etapas existentes. Foram utilizados os cálculos SB SSL e TDOA SSL. A técnica proposta centrou-se apenas em três disposições Exame através de investigações alargadas[65].

Silva e Martins (2015) propuseram a substituição da estratégia de restrição de oferta de som baseada em TDOA, agitada pelo tradicional tópico ML-TDOA. O maior empenho foi a utilização de um trabalho de custo médio, associado à eliminação do critério TDOA. A reencenação demonstrou que a liderança algorítmica é um pouco difícil para todos os impactos de ressonância e comoção.

A administração algorítmica do SSL é utilizada para notar a diferença de tempo de chegada (TDOA). O procedimento organizado deve ser avaliado com base na exploração de sinais genuínos registados em condições de jingling e choro. Cálculos de investigação minuciosos extra prudentes serão organizados de forma a expandir a velocidade do sistema, permitindo assim o trabalho de melhores matrizes[66].

De acordo com An et al., (2017) a proficiência e a consideração do algoritmo acústico imediato e refletido, o cálculo pode funcionar com um contorno de informação solitário sem a acumulação de sinalizadores sonoros e pode lidar com uma fonte sonora em movimento com um obstáculo que bloqueia o caminho observável entre o público e a fonte sonora. Foram avaliados os atributos numa estadia com várias qualidades e disposições da fonte. É utilizada uma fonte sonora sensível à reflexão, dependendo da visão do seguimento do feixe acústico e da restrição de Monte Carlo. Destina-se, na sua maioria, a fontes de alta frequência e não demonstra impactos de baixa frequência como a difração. Podem ser utilizadas metodologias baseadas em ondas para aumentar a precisão. Outra questão fundamental é ter uma reconstrução 3D precisa da cena e ordenar os materiais acústicos que influenciam as reflexões[67].

De acordo com Ranjikesh e Hasanzadeh (2015), as técnicas baseadas em SRP são rotas pragmáticas e razoáveis para a restrição da fonte sonora em condições de ruído intenso e reverberação, mas requerem um tempo de preparação importante. Por outro lado, apesar do facto de o TDOA ser uma abordagem de baixa computação para a limitação da fonte sonora, esta estratégia é excecionalmente bem sucedida. O cálculo do SSL é isolado em imediato e

cálculos de retaguarda. O cálculo imediato realiza o adiamento do tempo de entrada e as estimativas da área da fonte sonora numa única etapa, examinando um arranjo de áreas de fonte candidata e escolhendo a posição sem dúvida como uma área de fonte sonora esperada. Os cálculos em circuito seguem normalmente uma estratégia de dois passos. No passo inicial, calcula-se o tempo de adiamento da aterragem entre cada conjunto de amplificadores e, no segundo passo, avalia-se a posição da fonte sonora tendo em conta o atraso avaliado e a geometria das exposições. O impedimento das estratégias propostas é o número de amplificadores, o que pode tornar estas metodologias impróprias para algumas aplicações concretas. As descobertas não se concentraram na forma como o número de receptores pode ser reduzido para além de manter a execução adequada das estratégias propostas[68].

2.2.2 Comparar as técnicas de localização baseadas em TDOA com AOA

Peng e Sichitiu (2006) afirmam que a estimativa do ponto de vista da chegada (AOA) é uma estratégia para determinar a forma de propagação de incidentes de radiofrequência num cabo recetor. O AOA decide a forma de utilizar e estimar a diferença de tempo de chegada (TDOA) em elementos individuais do agrupamento. Os adiamentos do AOA podem ser calculados. Regularmente, a distinção na fase de ganho de cada detalhe dentro do cluster do aparelho de receção é estimada para decidir o TDOA. Isto pode ser considerado como o enquadramento do eixo para trás. Na formação de pilares, a bandeira de cada componente é pesada para "orientar" o lado positivo da exibição do fio de rádio. O atraso na aterragem do AOA é estimado de forma direta e alterado para a estimativa do AOA[69].

De acordo com O. Akhdar et al. (2008), a AOA baseia-se fundamentalmente nas limitações e na estratégia introdutória do sensor Wi-Fi, organizada sob a convicção de que todos os sensores obscuros são adequados para distinguir os limites do movimento de ocorrência dos hubs vizinhos. Apesar de estimativas AOA erradas e de um pequeno âmbito de pontos de referência, a abordagem proposta mostra uma exatidão e precisão radiantes para a estimativa e consegue uma proteção de confinamento preferida em relação ao sistema predominante. Para separar os AOAs da comoção, é executada uma peneiração na reconstrução de Fourier da tensão da bandeira adquirida. Este processo é realizado numa janela de diminuição de cosseno. O ambiente das estimativas incorpora um conjunto que recebe um fio, conhecido como sensor, englobado com o guia de vários activos produtores. O sensor e as fontes extraordinárias são identificados com um analisador vetorial de grupo de pessoas[70].

De acordo com Badawy et al. (2014), a estimativa da AOA é uma forma de decidir o curso da aterragem de um sinal ganho através de um método de preparação do sinal que incide sobre um conjunto de fios de rádio. Os sistemas de avaliação da AOA incluem o enquadramento do pilar, a verificação e o confinamento. Os sistemas tradicionais de AOA compreendem dois métodos distintos que podem ser o adiamento e a soma, igualmente designados por Bartlett e a variação insignificante sem distorção e, além disso, designados por Capon. Com o objetivo de orientar as barras eletronicamente e avaliar a gama de potência da bandeira obtida, os AOAs são imaginados como as cristas dentro da gama de potência espacial. A desvantagem essencial da estratégia Bartlett é que o impacto da bandeira com uma divisão precisa significativamente inferior a 2=M não pode ser resolvido. O sistema Capon resolve de forma extraordinária o inconveniente da determinação raquítica da técnica de Bartlett à custa de mais banda base que prepara a ansiada inversão da grelha. Sistemas de subespaço que podem basear-se absolutamente na ideia de que o subespaço da bandeira é ortogonal ao subespaço do clamor. A técnica mais utilizada nesta reunião é um par de classes de sinais (melodia). A abordagem da melodia oferece a melhor escolha raquítica e pode funcionar em estágios SNR baixos. Isto faz com que seja necessário uma aprendizagem completa da quantidade de fontes e da resposta do agrupamento, independentemente de ser estimada e poupada ou registada cientificamente. Os subespaços de sinal e de clamor são reconhecidos através de uma operação de desintegração Eigen efectuada sobre a grelha de covariância do sinal adquirido. Esta operação requer uma qualidade computacional gigantesca e multifacetada[71].

Erhel e Marie (2007) afirmam que o melhor modelo da ionosfera (previsão e modelação ionosférica adjacente sobre a Europa) foi escolhido para esta tarefa. É o produto final do programa Esteem 238 (os exames lógicos e técnicos foram efectuados no âmbito da cooperação da UE) nos períodos de 1991-1994 e descreve a estrutura do plasma nos âmbitos médios e, em particular, sobre a Europa. À luz dos parâmetros ionosféricos previstos pelo método para o modelo, é calculado o perfil de ionização vertical (espessura dos electrões), a utilização das capacidades de Epstein. As estimativas em tempo real, equipadas com uma ionossonda vertical, podem melhorar a estimativa destes parâmetros. O ponto de vista preferido é, no entanto, restrito a uma ligeira limitação de alcance (inferior a 500 km): devido à presença de declives planos na espessura dos electrões, as estimativas no vértice do local de receção não podem ser adicionalmente polidas perto de uma hiperligação de rádio normal. Para uma dada AOA, o feixe que se segue é registado, o que permite classificar melhor a ionosfera: cada corte é representado com a ajuda de uma lista de refração sem qualquer dúvida para a espessura dos electrões. A utilidade das leis de Descartes oferece continuamente a direção do feixe. Para cada curso distinto, as direcções de aterragem são consideradas num volume caracterizado através das estimativas médias da AOA e dos seus desvios padrão; o feixe relativo fecha o traçado de uma posição do chão da Terra. Enquanto a contagem das ondas do episódio destacado é repetida, a convergência das regiões de comparação oferece a zona concebível do transmissor[72].

A International Telecommunication Union (2014) afirma que o aparelho de receção é pouco dispendioso, pouco multifacetado e pode ser pequeno numa medida. Os beneficiários do TDOA podem, além disso, alugar um fio de rádio simples e solitário (monopolo/dipolo).

Ao contrário das estruturas AOA, o fio de receção não necessita de uma resistência mecânica e de uma precisão eléctrica excessivas, nem de uma investigação operacional e de uma estimativa para o seu ajustamento. Uma vantagem adicional é o facto de o fio de receção poder ser de pequena dimensão e impercetível. Este aspeto é fundamental para o transporte das estruturas seguintes em locais antiquados ou estruturalmente limitados ou para a organização de concorrências com terceiros. O TDOA funciona bem para sinais novos e em ascensão, com balanços complexos, capacidades colossais de transferência de dados e um breve intervalo. O AOA, na sua maior parte, tem um desempenho agradável em ponteiros de banda limite, mas os métodos AOA predominantes podem ser completados para encontrar quaisquer sinais que compreendam um período de banda larga, complexo e rápido. A execução geral do TDOA é um elemento duradouro da capacidade de transferência de dados de sinais. A execução do AOA é geralmente justa para a transmissão de dados de sinais, uma vez que a dispersão do canal FFT é muito semelhante à velocidade de transferência de sinais. Tanto o TDOA como o AOA são mais completos nos sinais SNR mais elevados e com tempos de mistura mais longos. A vantagem da preparação da ligação permite que os procedimentos TDOA atinjam e descubram alarmes SNR baixos (ou mesmo negativos). Além disso, o manuseamento da ligação permite que outros receptores TDOA participem na geolocalização, apesar de terem um SNR baixo ou fraco[73].

2.2.3 Comparar TDOA com técnicas de localização baseadas em RSI

Zhang et al. (2012) compararam o desempenho de várias técnicas de localização com a subsequente descoberta de RSSF. Nesta investigação, todos os nós sensores são colocados em posições desconhecidas, com exceção de um pequeno número de nós âncora em posições conhecidas. As posições dos nós são estimadas sequencialmente, de modo que, quando a posição de um nó fornecido é encontrada, ele pode ser empregado para localizar outros. O desempenho básico de tal técnica depende muito da técnica de localização utilizada. As técnicas de localização reconhecidas são as seguintes: TOA, TDOA, DOA, RSS e LAA. Estes algoritmos foram implementados no software Java-DSP como parte da caixa de ferramentas de localização. Os algoritmos baseados na direção (DOA), híbridos (LAA) e baseados no alcance (TOA, TDOA e RSS) foram considerados e concluiu-se que o DOA é o esquema preferido com SNR baixa, e o LAA apresenta um desempenho superior para a descoberta de redes sem fios com SNR mais elevada[74].

De acordo com Miao et al. (2014), a técnica TDOA tem sido utilizada para a localização de fontes sonoras. Devido ao efeito Doppler, a técnica TDOA não pode ser utilizada diretamente para a localização de fontes sonoras variáveis. Esta pesquisa propôs uma técnica de SSL móvel baseada em TDOA, combinada com a varredura do plano da fonte e a eliminação do efeito Doppler. Esta técnica foi mais apropriada para a colocação de fontes sonoras que se deslocam num plano com uma velocidade avaliável. Os resultados da simulação revelaram que a técnica proposta localizou com precisão fontes sonoras de alta velocidade face ao ruído de fundo, através de segmentos curtos de sinais recebidos através do conjunto de quatro microfones[75].

2.3 Lacuna de investigação

Houve numerosas investigações e estudos que se concentraram no levantamento de questões de conceção e implementação de grandes RSSF. Após a avaliação da análise realizada anteriormente, seria enfatizada a lacuna de investigação que irá precisar ainda mais a importância do estudo atualmente em curso. Uma pesquisa foi realizada por Diedrichs et al. (2014) [57] para estimar RSSF de baixa potência para monitoramento de geadas no campo agrícola. O pesquisador analisou o monitoramento de inundações em tempo real por WSNs Khedo (2013) [53].

Bhattacharya et al. (2012)[58] propuseram um sistema Smart Connect para a conceção e implantação de RSSF. Os investigadores desenvolveram um estimador TDOA robusto em atmosferas reverberantes Yangetal. (2009)[62]. Anetal. (2017)[67] estudaram sobre

Técnica RASSL (Reflection-Aware Sound Source Localization). Os investigadores propuseram uma técnica SSL rápida e precisa com a ajuda da integração óptima das abordagens TDOA e SRP Ranjikesh e Hasanzadeh (2015)[68]. Silva e Martins efectuaram um estudo (2015)[66] para propor uma técnica SSL robusta baseada no TDOA. No entanto, não houve nenhuma pesquisa específica focada na conceção e implantação de LWSN e Sound Source

Localization. Assim, este estudo funciona como uma análise distinta para estimar a conceção e a implementação de redes de sensores sem fios em camadas e a localização de fontes sonoras nas florestas.

2.4 Resumo

Na sua maior parte, o resumo desta literatura criou conhecimentos sobre Grandes Redes de Sensores Sem Fios e Localização de Fontes Sonoras. O resumo deste capítulo foi proposto a partir da análise superior da literatura que foi preparada como a principal tarefa deste estudo. Esta secção analisou a conceção e a implementação de LWSN para várias aplicações em tempo real. Este capítulo também determinou os problemas da arquitetura em camadas proposta. Este capítulo elaborou a técnica de localização baseada na diferença de tempo de chegada (TDOA). Além disso, este capítulo explicou a técnica de localização baseada na intensidade do som recebido. Por fim, este capítulo apresentou lacunas de investigação que colmatam as lacunas de estudos anteriores.

Capítulo 3: Metodologia de investigação

As redes de sensores sem fios estão agora a tornar-se parte de uma grande variedade de aplicações que incluem o seguimento e a monitorização de eventos em várias áreas. Uma das suas aplicações é a monitorização da vida selvagem e das florestas. As RSSF estruturadas prometem uma maior cobertura e uma menor necessidade de manutenção em comparação com as RSSF não estruturadas. A deteção de falhas e de perdas de ligação num grande número de nós sensores é uma situação muito complicada nas RSSF não estruturadas. Este trabalho de investigação propõe um tipo de RSSF estruturada para a monitorização de grandes áreas florestais. A estimativa da cobertura e das ligações antes da implementação e a localização conhecida dos nós sensores reduzem os esforços de manutenção das RSSF.

3.1 Arquitetura proposta de RSSF em camadas

A conceção da rede proposta é um tipo de arquitetura de rede em camadas das RSSF. A camada mais interna é designada por camada 0; entre as camadas 2 e 3 e a camada mais externa é a camada 3.

3.1.1 Camada 0 ou vedação virtual

Como mostra a figura 3.1, a camada 0 é uma rede linear de sensores de curto alcance implantados com o objetivo de monitorizar os limites das florestas. Localmente, chamamos

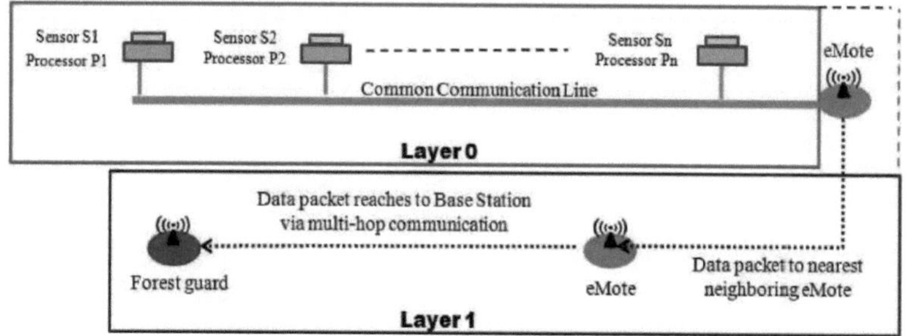

Figura 3.1: Interface da camada 0 com a camada 1

O nível 0 é uma vedação virtual das florestas. A monitorização através da vedação virtual funciona para monitorizar a intrusão através de caminhos fixos das florestas, como os trilhos dos tigres, os limites das aldeias nas florestas e em torno das massas de água no interior das florestas. As ocorrências de eventos são extremamente elevadas nestas zonas das florestas. A vedação virtual cobre estas áreas utilizando múltiplas tecnologias de deteção, tais como um radar Doppler e uma vedação virtual baseada em sensores de fibra colocados nos limites entre a aldeia e a floresta, no trilho do tigre e em torno dos limites das massas de água. Estes sensores de fibra podem detetar os cruzamentos proibidos e os eventos de escavação do solo e enviar a informação sobre o evento para a estação de base mais próxima através de nós sensores de retransmissão. Parte-se do princípio de que o processador incorporado no radar Doppler ou no sensor de fibra é adequado para detetar actividades ilícitas, tais como escavações no solo para colocar armadilhas venenosas, caminhadas humanas e a presença do tigre.

A implantação da vedação virtual cria uma cobertura de monitorização utilizando sensores de curto alcance de alguns metros na área de interesse. No entanto, o comprimento da vedação virtual pode ser de alguns quilómetros. As unidades de comunicação dos nós sensores são substituídas por uma linha de comunicação para reduzir o custo e o manuseamento dos nós sensores. A linha de comunicação liga todos os nós sensores a uma linha de comunicação comum, como se mostra na figura 3.1. Os dados detectados processados sob a forma de um pacote de dados proveniente de um nó sensor são fornecidos à linha de comunicação comum. A linha de comunicação comum esperada seria um cabo de fibra comum ou um fio de cobre. A linha de comunicação comum transmitirá os pacotes de dados para a camada seguinte da arquitetura da RSSF em camadas prevista. Um dos lados da linha de comunicação comum faz a interface com um dos nós sensores do nível 1, que é responsável pelo encaminhamento dos pacotes de dados provenientes da vedação virtual. Desta forma, apenas a informação processada será enviada para o nível 1 da rede em camadas proposta.

3.1.2 Camada 1 ou Rede Multi-hop

A camada-1 da rede em camadas proposta é uma rede bidimensional multi-hop com uma área de vários quilómetros quadrados. Os nós sensores instalados na camada-1 formam um tipo de RSSF estruturada num padrão de grelha quadrada, como se mostra na figura 3.2.

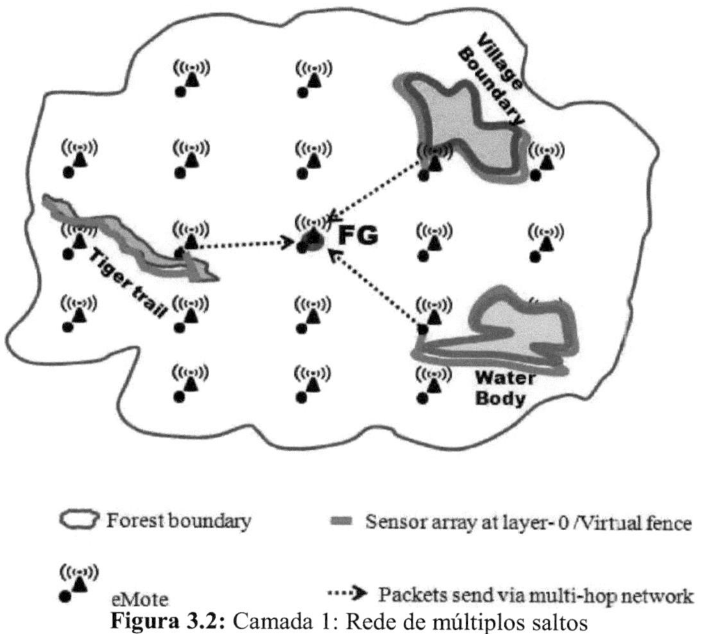

Figura 3.2: Camada 1: Rede de múltiplos saltos

Os nós sensores da rede multi-hop no nível 1 estão equipados com sensores de longo alcance, como um microfone omnidirecional e uma unidade de comunicação, com uma área de cobertura de πD^2 *, sendo* D a distância entre dois nós sensores. Os pacotes provenientes de várias vedações virtuais instaladas ao longo dos trilhos dos tigres, dos limites das aldeias e das massas de água são enviados para um nó sensor da rede multi-hop, que os envia de forma segura para a estação de base através da comunicação multi-hop. A estação de base é colocada na zona central da rede multi-hop. O pacote de dados de eventos sonoros, como tiros, da camada 1 também será enviado através da mesma rede multi-hop para a estação de base.

3.1.3 Camada 2 ou rede FGs para FGs

As estações de base localizadas nos locais de guarda florestal estão ligadas em toda a floresta através de múltiplas abordagens da rede oportunista como VHF ou GSM, como mostra a figura 3.3.

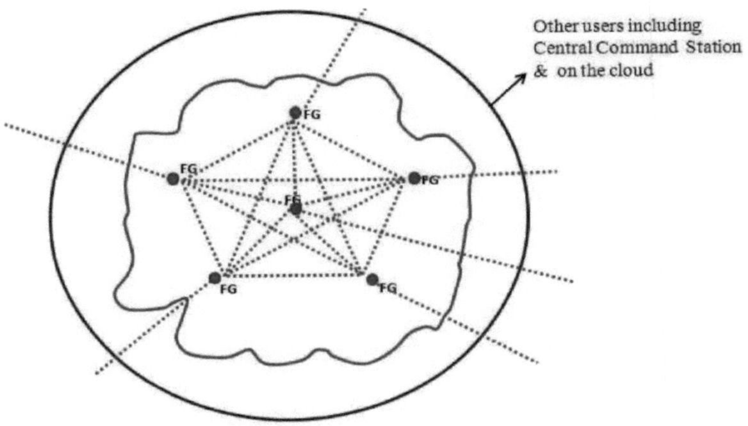

Figura 3.3: Interface da camada 2 e da camada 3

A estação de base pode registar e comunicar as informações sobre os eventos às estações de comando centrais.

As estações de base são configuradas como uma interface de visualização para o utilizador. Os guardas florestais podem operar e manusear facilmente. A interface de visualização na estação de base para o guarda florestal será descrita na secção 3.8.

3.1.4 Camada 3 ou FGs para a Estação de Comando Central

No nível seguinte da arquitetura de rede em camadas, as estações de base localizadas nos locais de guarda florestal estão em toda a floresta com estratégias múltiplas da rede oportunista como VHF e GSM. Além disso, todos os locais de guarda florestal estão ligados à(s) estação(ões) central(ais) de comando, que é um repositório de arquivos. A rede utilizará a infraestrutura atual de comunicação de dados disponível no comando central. Os repositórios de arquivos, que podem permanecer em qualquer lugar (por exemplo, na nuvem), pretendem apoiar vários utilizadores, incluindo a administração florestal, o governo estatal e nacional e os prestadores de serviços de RSSF, pelo que é necessário autorizar o acesso aos utilizadores na hierarquia. A arquitetura da RSSF em camadas concebida pode ser replicada até certo ponto.

3.2 Implementação de hardware

Os dispositivos adoptados são o Samraksh eMote.NOW (ver Figura 3.4), um módulo de sensor sem fios de potência ultra-baixa que pode funcionar durante longos períodos com baterias e também oferecer uma transmissão de longo alcance com uma dissipação de energia muito baixa. Trata-se de uma das configurações mais recentes do eMote produzido pela The Samraksh Company em Columbus e Washington DC após imensa investigação e experiências[76]. Os principais componentes dos emotes são:

1. A CPU STM32F1 ARM Cortex-M3 é adequada para as necessidades das aplicações propostas. Alta execução e baixa dissipação de energia, operações de baixa tensão são combinadas com um alto nível de integração a preços convenientes com uma fácil

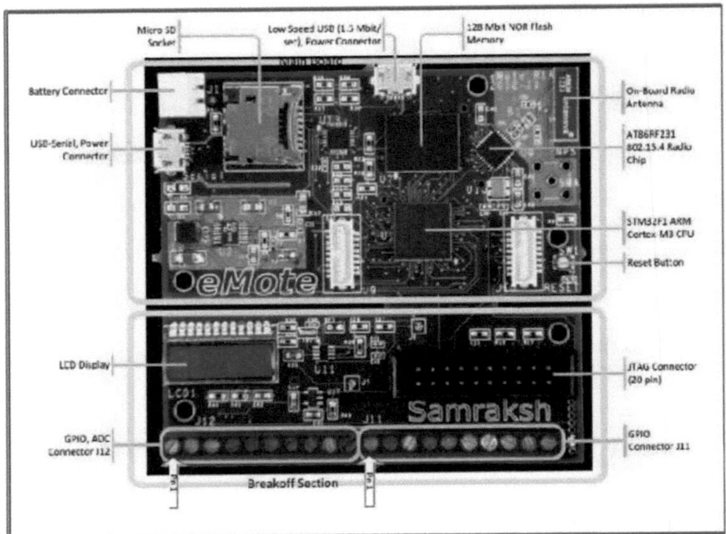

Figura 3.4: Imagem do eMote [82]

conceção e ferramentas práticas.

2. O Atmel RF231 funciona a 2,4 GHz com uma antena integrada ou externa.

3. Blocos de memória flash NAND para o armazém de dados de alta velocidade.

4. ADC de 12 bits com gestão de buffer

5. Conector USB de série múltipla

6. Acesso de leitura/escrita ao cartão MicroSD

7. No local LCD confortável

8. Conjuntos JTAGconnectortoupload.

3.3 Implementação de software

O Samraksh eMote.NOW consiste em muitas características inovadoras para a criação de uma rede fiável de sensores sem fios no mundo real[76]. O Samraksh eMote.NOW é um firmware com suporte do Micro.Net Framework para pequenos dispositivos alimentados por bateria. Este firmware oferece suporte a várias funcionalidades, nomeadamente

1. A assistência em tempo real permite ao utilizador escrever programas que satisfazem garantias de tempo bastante rigorosas.
2. Controlo da distribuição de energia pelos utilizadores sobre a utilização do processador e escrita de aplicações para o protocolo MAC que podem controlar a dissipação de energia durante os períodos de vigília e de sono.
3. As ligações sem fios baseiam-se no protocolo padrão IEEE 802.15.4, que permite ao utilizador escrever aplicações de rede totalmente peer-to-peer e implementou o protocolo handshaking quando dois ou mais nós fechados estão a transmitir e a receber ao mesmo tempo.
4. São fornecidos dois canais separados para a conversão analógico-digital em buffer a alta frequência.
5. A memória flash e a ranhura para cartões SD são acessíveis para aplicações que requerem o armazenamento de grandes quantidades de dados durante um longo período de tempo para a monitorização de áreas não tripuladas.
6. Fácil suporte de E/S integrado, como ADC e DAC, SDIO, USB, I2C, UART, GPIO, SPI.
7. Interface com a placa filha para as placas de sensores múltiplos, incluindo microfone MEMS, campainha, acelerómetro de 3 eixos, sensor de temperatura, sensor de luz com fotoresistor, botões de interrupção, LEDs e potenciómetro.

8. EasyonboardLCD.

3.4 Abordagem de embalagem

As circunstâncias ambientais nas florestas são a chuva, o nevoeiro e o orvalho. O objetivo da experiência de campo é testar a capacidade de sobrevivência e a aplicabilidade do sistema. O sistema deve manter-se e funcionar com sucesso em qualquer condição ambiental. A embalagem do eMotes foi concebida para o proteger da exposição e também para reter os sensores que interagem com o ambiente para deteção. Por isso, a embalagem dos eMotes deve ser suficientemente testada antes da implantação final na floresta. A vedação à prova de água dos nós sensores (eMotes) contra as condições ambientais foi a principal preocupação da embalagem. A película isolante das placas eMotes e a embalagem hermética dos dispositivos ajudaram a protegê-los das condições ambientais. Conseguimos um poste de 6 metros de altura para acumular as várias unidades de um nó sensor, como mostra a figura 3.5.

Os eMotes estão presentes no topo dos postes e as baterias estão a uma altura vertical acessível de 5 a 7 pés do nível do solo. A maior parte da folhagem era constituída por arbustos e árvores com uma altura de 3 a 4 metros. Assim, a razão para colocar os sensores (microfone explícito) a 10 pés de altura é manter o microfone dentro do nível ativo da folhagem na floresta.

3.5 Teste de perda de ligação antes da implementação

A implantação dos nós sensores para desenvolver uma rede de sensores sem fios multi-hop na camada 1 é crucial como espinha dorsal do sistema planeado.

Utilizámos nós sensores (eMotes) equipados com uma unidade de comunicação de longo alcance (Atmel RF231) suportada a 2,4 GHz (802.15.4). 27 dBm foi o valor registado como potência transmitida através de uma antena omnidirecional (wave-ANT-2.4-Cw-CT-SMA). Efectuámos testes unitários de perda de ligação para medir as perdas de ligação na área florestal antes da instalação dos anyeMotes.

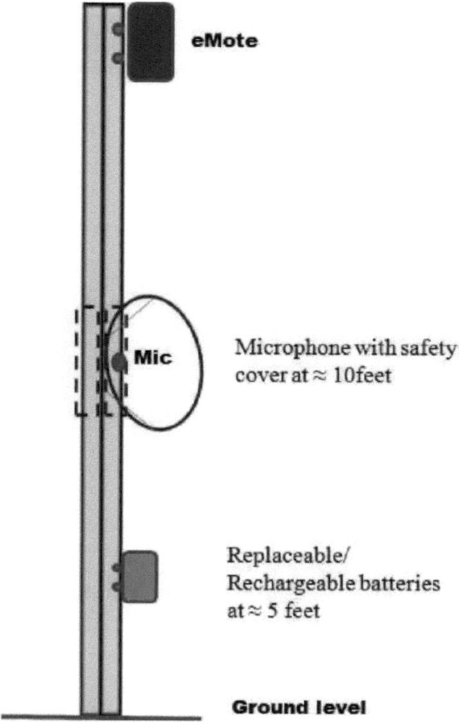

Figura 3.5: Embalagem do eMote

Para cada sessão de teste, o emissor e o recetor (eMote) foram programados para enviar 1000 pacotes por sessão a uma taxa relativamente baixa, uma vez a cada 100 ms. A indicação de intensidade do sinal de receção (RSSI) para cada sessão foi registada utilizando o recetor (eMote). A perda de ligação foi calculada com base no RSSI, que forneceu uma medida da intensidade do sinal RF em dBm (decibel-m Watt). As experiências foram efectuadas perto de Talgon, na reserva de tigres de Panna, em Madhya Pradesh, na Índia. A vista do mapa revela uma área coberta por uma floresta moderadamente densa, apenas uma ou outra área aberta que anteriormente tinha aldeias activas, alguns lagos a que agora os animais têm acesso. A modesta mudança de altitude foi observada e sobe cerca de alguns metros. Como mostra a figura 3.6.(a), a área aberta com visibilidade do emissor e do recetor a uma distância de 1500m. A figura 3.6.(b), mostra uma área de folhagem densa na floresta, sem visibilidade do emissor e do recetor.

(S-R) visibilidade.

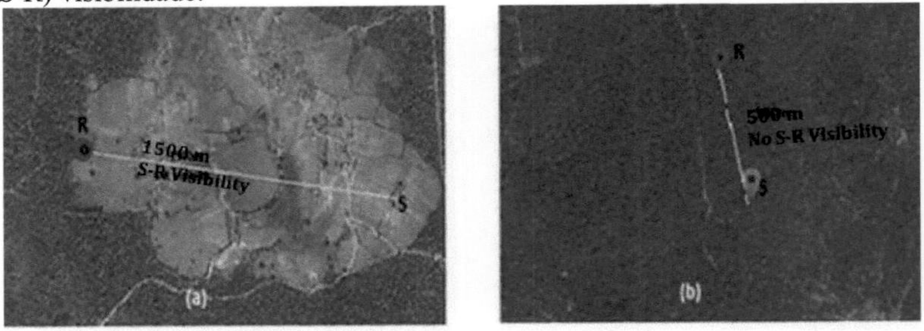

(a) (b)

Figura 3.6: Perda de ligação ao ar livre e perda de ligação em folhagem densa

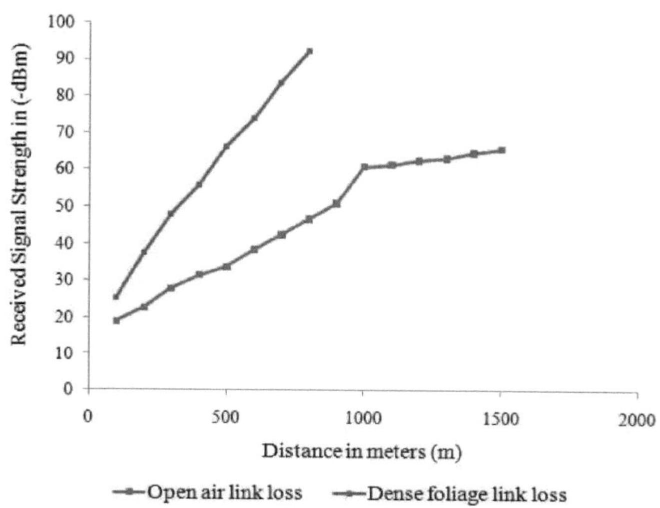

Figura 3.7: Perda de ligação em função da distância

Registámos um RSSI de -19 dBm à distância de 100 metros na parte aberta da floresta, que foi diminuindo até -65,7 dBm até atingir a distância de 1500 metros. Enquanto que nas zonas de folhagem densa da floresta a perda de ligação aumenta com o aumento da distância entre o emissor e o recetor. O RSSI registado foi de -25,2 dBm a uma distância de 100 metros na folhagem densa da floresta, tendo continuado a diminuir até -92,2 dBm até atingir a distância máxima possível de 800 metros, como mostra a figura 3.7. Como testámos, uma ligação fiável só é possível até um RSSI de -85 dBm com o rádio Atmel RF231 do eMote. Por isso, tivemos de parar no

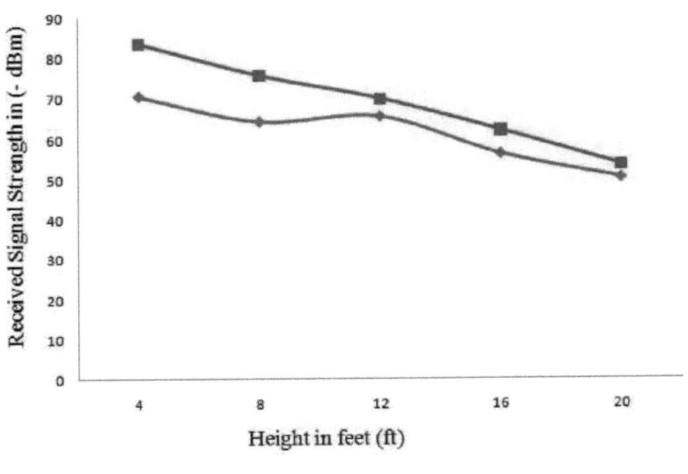

Figura 3.8: Perda de ligação Vs. altura

de 800 metros na folhagem densa da floresta. Também verificámos os valores RSSI a alturas variáveis no cenário ao ar livre, bem como no cenário de folhagem densa da floresta. As perdas de ligação determinadas foram registadas desde o nível do solo até à altura de 6 metros em ambos os cenários. E as perdas de ligação observadas foram praticamente as mesmas em ambos os cenários quando atingiram a altura máxima considerada de 6 metros, como mostra a figura: 3.8.

3.6 Estratégias de implantação

Wint Yi Poe (2009) propôs três abordagens de implantação de sensores em redes de sensores sem fios de grande área. A implantação aleatória uniforme, a implantação baseada em padrões Tri Hexagon Tiling (THT) e a implantação em grelha quadrada, que se baseiam em três métricas de desempenho: cobertura, consumo de energia e atraso no pior dos casos. A implantação aleatória é uma das abordagens mais comuns para os nós sensores implantados na área de monitorização, em que cada nó sensor tem a mesma possibilidade de ser implantado em qualquer local da área de observação. É a forma mais direta de implantação, mas a organização dispersa

Tabela 3.1: Perda de ligação vs. distância

Distance(m)	**Average RSSI (-dBm)**	
	Open air link loss	**Dense foliage link loss**
100	19	25.2
200	22.6	37.4
300	27.8	47.7
400	31.4	55.8
500	33.64	66.3
600	38.4	73.7
700	42.4	83.5
800	46.6	92.2
900	50.9	NA
1000	60.82	NA
1100	61.54	NA
1200	62.56	NA
1300	63.1	NA
1400	64.69	NA
1500	65.7	NA

de nós sensores pode gastar mais energia na auto-configuração e fornecer buracos de deteção em redes de sensores sem fios. A THT baseada em padrões forma uma rede que cobre toda a área através de conjuntos de polígonos regulares, mas o atraso no pior dos casos é consideravelmente elevado. A implantação de nós sensores no padrão de grelha quadrada é consideravelmente útil para o desempenho da cobertura e para determinar um atraso aproximado do pior caso através dos nós sensores de retransmissão [50]. Uma vez que a prioridade dos parâmetros de desempenho difere nas redes de sensores sem fios baseadas em aplicações. É por isso que a estratégia de implantação deve ser preferida para satisfazer os requisitos das aplicações. A estratégia de implantação escolhida é uma implantação baseada numa grelha quadrada na área de

Tabela 3.2: Perda de ligação em função da altura

Height (ft)	**Average RSSI (-dBm)**	
	Open air link loss	**Dense foliage link loss**
0	70.615	83.5
5	64.33	75.6
10	65.6	69.92
15	56.32	62.09
20	50.32	53.54

observação. A Figura 3.9 mostra o THT e o padrão de grelha quadrada. As vantagens da implantação de redes baseadas em grelha quadrada são as seguintes:

3.6.1 Número de nós sensores vizinhos

No padrão de grelha quadrada, o grau de cada nó sensor é 8, enquanto no padrão THT o grau de cada nó sensor é apenas 3.

3.6.2 Número de lojas

Como mostra a figura 3.9, no padrão THT o número de saltos necessários para chegar aos destinos é pelo menos um mais o padrão de grelha quadrada. Os movimentos diagonais no padrão de grelha quadrada reduzem o número de saltos para chegar aos destinos.

3.6.3 Alcance da comunicação

Através do objetivo de medições de perda de ligações em diferentes partes da floresta, construímos um conjunto de dados reais para encontrar um alcance de rádio ideal para uma comunicação fiável

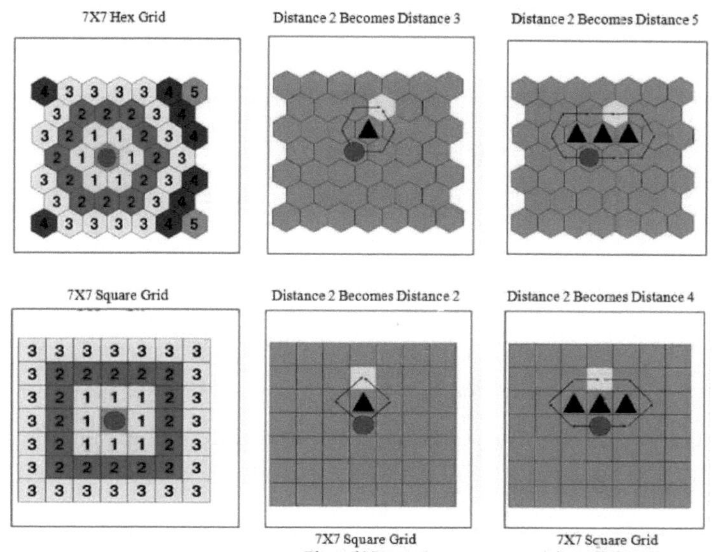

Figura 3.9: Comparação entre o padrão de grelha hexagonal 7X7 e o padrão de grelha quadrada 7X7

em todas as partes do ambiente florestal. As perdas de ligação nas partes abertas da floresta são notavelmente menores do que na parte densa da floresta. Os resultados dos testes de perda de ligação levaram-nos a propor um tipo determinístico de implantação de nós sensores sob a forma de uma grelha quadrada em que cada nó sensor tem oito nós sensores vizinhos. Uma vez que é possível uma ligação fiável a -85 dBm e a intensidade do sinal recebido de -66,3 dBm é registada a uma distância de 500 m em folhagem densa, o que representa quase mais de 70% do RSSI necessário. Assim, considerámos as perdas máximas de ligação (no pior dos casos) a uma determinada distância D através da folhagem densa da floresta para formar uma rede de sensores sem fios em toda a floresta. Os resultados dos testes de perda de ligação através da folhagem densa indicam que uma rede ligada pode ser implantada a mais de 70% da intensidade do sinal recebido necessária para ligações fiáveis nas redes. Na conceção da grelha quadrada, cada nó sensor está associado a quatro nós sensores vizinhos adjacentes a uma distância de unidade quadrada D (D 350 m) e os outros quatro vizinhos a uma distância de unidade quadrada diagonal *2D* (D 495 m). Na figura: 3.10, os nós sensores vizinhos N2, N4, N5 e N7 estão à distância D, enquanto N1, N3, N6 e N8 estão à distância 2D. Na implantação de uma grelha quadrada, cada nó sensor terá oito caminhos possíveis para transmitir dados para a estação de base. Em caso de falha de qualquer nó sensor, a comunicação robusta de dados pode ocorrer através de possíveis trajectos paralelos. D e √ -

Colocações *2D* a mais de 70 % do RSSI necessário para uma ligação fiável, como mostra a fig. 3.10.

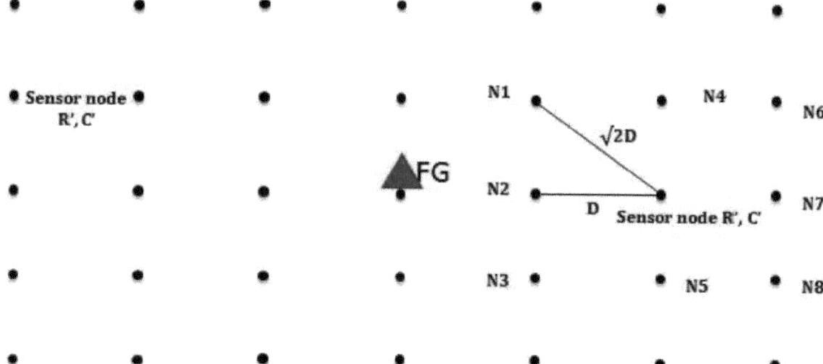

Figura 3.10: Uma grelha quadrada com os nós sensores colocados a uma distância de D

3.6.4 Gama de deteção

Uma vez que a arquitetura de rede proposta é um tipo de rede em camadas em que as duas camadas interiores são definidas por razões específicas para fornecer cobertura na área de observação. A vedação virtual na camada 0 fornece cobertura de deteção através de um conjunto de sensores lineares de Doppler ou de sensores baseados em fibras. No entanto, a rede multi-hop na camada 1 é constituída por nós sensores que possuem microfones omnidireccionais com as mesmas especificações. A cobertura de deteção definida para a estratégia de implantação proposta de nós sensores em redes multi-hop é mostrada nas figuras 2.3. O gráfico mostra, na figura 2.4, a percentagem de cobertura k na implantação de nós sensores em grelha quadrada. Os três tipos de cobertura nos padrões da grelha quadrada são: 2 cobertura, 3 cobertura e 4 cobertura. O gráfico mostra que a maior parte da área total é coberta por 3 e 4 coberturas de nós sensores. Também se nota que uma área significativa de mais de 30 por cento da área total é coberta pela cobertura 4, o que não acontece no padrão THT.

3.6.5 Escalabilidade

A conceção e a implantação da rede proposta são construídas de forma a poderem ser facilmente ampliadas ou reduzidas, pelas razões que se seguem:

- A expansão da rede não necessita de alterar a rede implantada. Apenas os novos vizinhos se juntariam à rede e actualizariam a lista de vizinhos dos nós sensores existentes.
- Embora o número máximo de saltos necessário seja um limite, a conceção da rede proposta permite enviar o pacote de dados diretamente para os nós sensores disponíveis na diagonal. Os movimentos diagonais do pacote de dados reduzem a contagem de saltos em 1.

Isto proporciona uma comunicação fiável pelo caminho mais curto, maximizando a área coberta, a contagem média de saltos para redes multi-hop e um menor consumo de energia. Efectuámos numerosos testes e análises da estratégia de implantação proposta, que proporcionou benefícios essenciais para as redes de sensores sem fios de grandes áreas, como a cobertura, a fiabilidade dos dados e os atrasos no pior dos casos. A rede linear ou vedação virtual no nível 0 tem cerca de 2 a 3 km e está ligada ao longo de uma linha de comunicação comum e, numa das extremidades da comunicação comum, existe um nó sensor de retransmissão. O nó sensor de retransmissão é responsável por fornecer uma interface para o nível 1 da rede multi-hop e encaminhar os pacotes de dados destinados à estação de base. Esta estratégia de implantação tem algumas vantagens em termos de obtenção de uma ligação fiável e de maximização do desempenho da rede.

3.7 Esquema de encaminhamento

A abordagem proposta seguiu um tipo determinístico de implantação de eMotes. Os eMotes são colocados manualmente e os dados são encaminhados apenas através de caminhos pré-determinados. Na comunicação multi-hop, cada eMote funciona em modo duplo de envio e receção de pacotes de dados. Existem determinados factores no que diz respeito à comunicação dos pacotes de dados à estação de base que dependem do tipo de aplicações. No sistema de monitorização de eventos florestais, verificámos que a transmissão de pacotes de dados se baseia geralmente em eventos e que também utiliza a transmissão periódica de dados com o objetivo específico de verificar o estado de saúde dos eMotes. O encaminhamento dos dados começa com a identificação da posição predefinida em termos de número de linha e coluna na grelha quadrada dos eMotes instalados na rede. O número da linha e da coluna pode ser designado como o endereço do mote na rede. A contagem de saltos para cada eMote também é predefinida em relação à distância da estação de base, como mostra a figura 3.11.

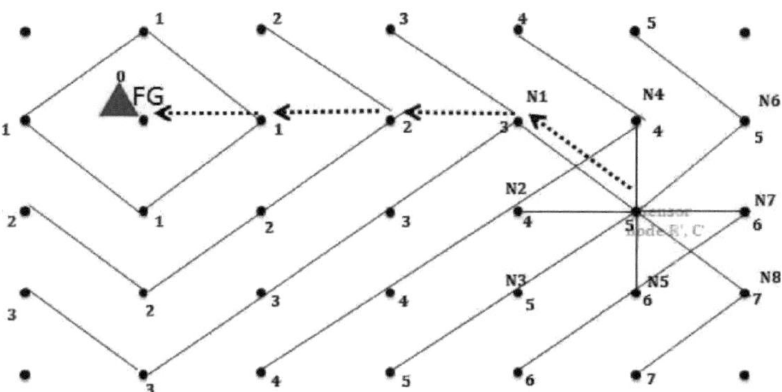

Figura 3.11: Conceção de uma rede multihop com contagem de saltos

Aquando do estabelecimento da rede, cada eMote prepara uma lista de vizinhos e ordena-os com base na contagem de saltos. O fluxo de pacotes de dados na rede é definido da seguinte forma: Cada eMote seleccionaria o vizinho da lista de vizinhos com base no menor número de saltos e na qualidade da ligação. A receção bem sucedida de um pacote de dados reconhecido apagaria o pacote de dados da memória intermédia de envio; caso contrário, tentaria retransmiti-lo através de outras rotas paralelas possíveis. Há dois tipos de pacotes de dados que fluem para a rede: Os pacotes de dados de sinalização de saúde serão enviados pelos eMotes num intervalo de tempo fixo para atualizar os vizinhos e seguidos para a estação de base. Os pacotes de dados baseados em eventos serão enviados ocasionalmente apenas aquando da ocorrência de eventos. Espera-se que o tráfego seja menor devido aos caminhos predefinidos. O esquema de encaminhamento de dados na rede multi-hop seguiu um protocolo Event-to-Base Reliable Route (EBRR) para a transmissão de dados. O mecanismo do EBRR visa alcançar a fiabilidade dos dados na estação de base em vez da fiabilidade dos dados de extremo a extremo nos saltos. A estação de base é designada para rastrear de forma fiável apenas os relatórios sobre os eventos e não os pacotes individuais de cada nó sensor. Assim, a fiabilidade observada é o número de pacotes recebidos dos eventos para a estação de base e a fiabilidade exigida é o número desejado de pacotes dos eventos recebidos com êxito na estação de base. Consequentemente, se a fiabilidade observada for inferior à fiabilidade exigida, o ESRR aumenta a frequência de comunicação de eventos. Caso contrário, diminui a frequência de comunicação para poupar energia. Além disso, a estação de base mantém um registo das perdas de pacotes associadas a cada nó sensor na rede.

3.8 Interface de visualização na estação de base para o FG

A estação de base está situada no local central da floresta onde o guarda florestal está de serviço durante 24 horas e 7 dias. A estação de base é capaz de manter o registo de dados na base de dados. Os eventos são também comunicados ao posto de comando central através da estação de base. Para além de todos estes aspectos técnicos, a interface de visualização da estação de base é muito fácil de utilizar. Não é necessária a intervenção de técnicos, um guarda florestal pode facilmente compreender e operar. O dispositivo de visualização é uma interface gráfica de utilizador que permite visualizar o tipo, a localização e a hora de vários eventos, como tiros, escavações no solo, intrusões através dos limites da aldeia e passagens de pessoas e animais. Também permite visualizar os sinais periódicos de saúde dos nós sensores. Em caso de falha dos nós sensores, um guarda florestal pode tomar medidas rápidas e informar diretamente a célula de manutenção para reparar ou substituir os nós sensores. A figura 3.12 apresenta uma imagem da interface de visualização.

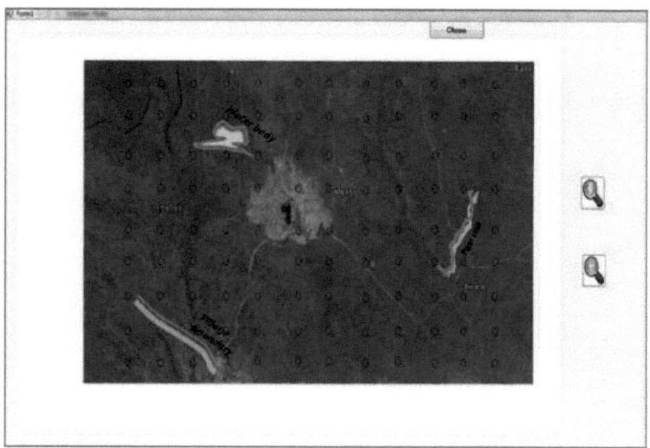

Figura 3.12: Interface de visualização na estação de base para a Guarda Florestal (FG)

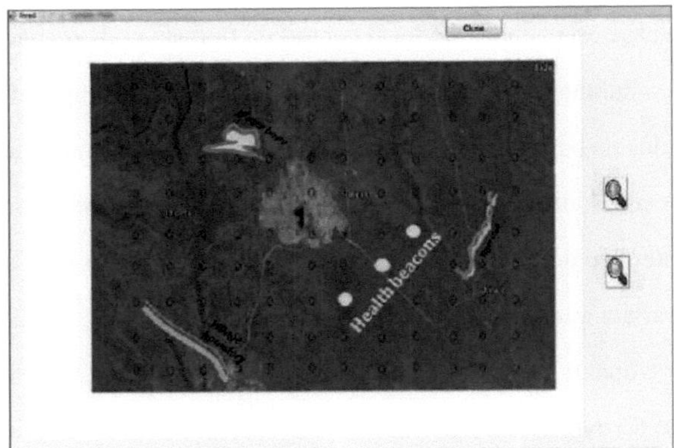

Figura 3.13: Notificações de balizas de saúde no GF

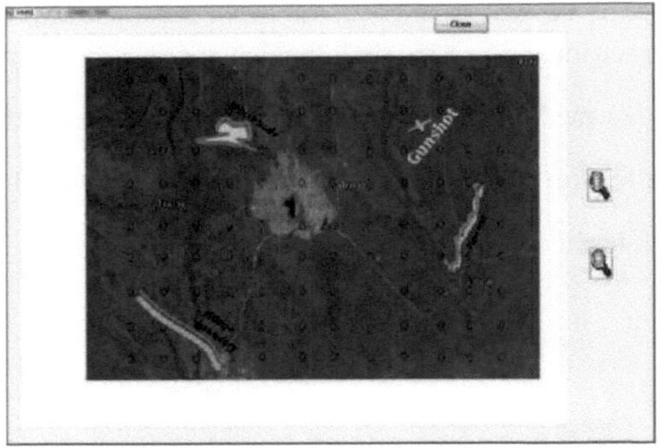

Figura 3.14: Notificação de disparo de arma de fogo na FG

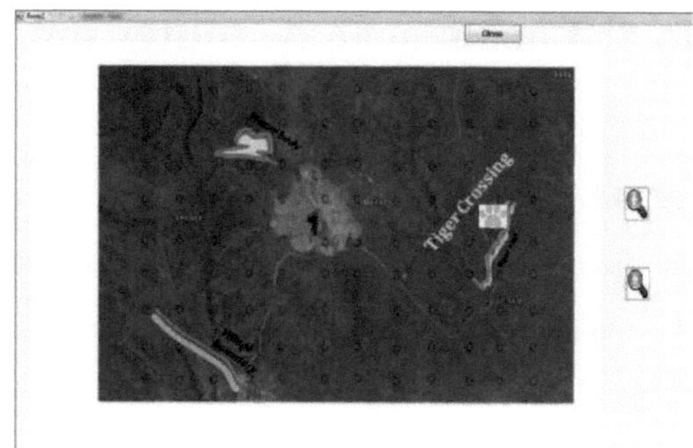

Figura 3.15: Travessia de Tigerl em FG

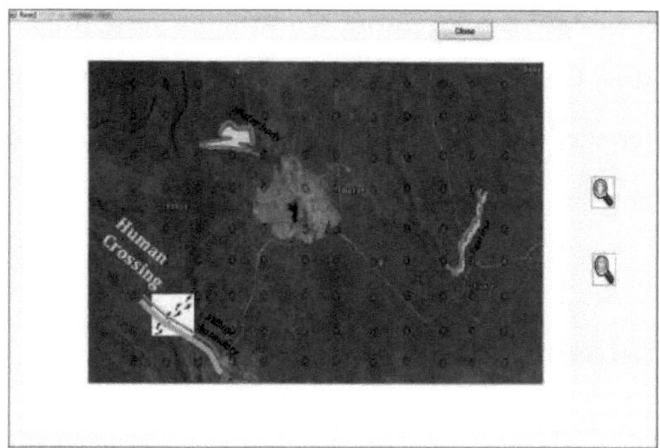

Figura 3.16: Passagem humana através dos limites da aldeia na FG

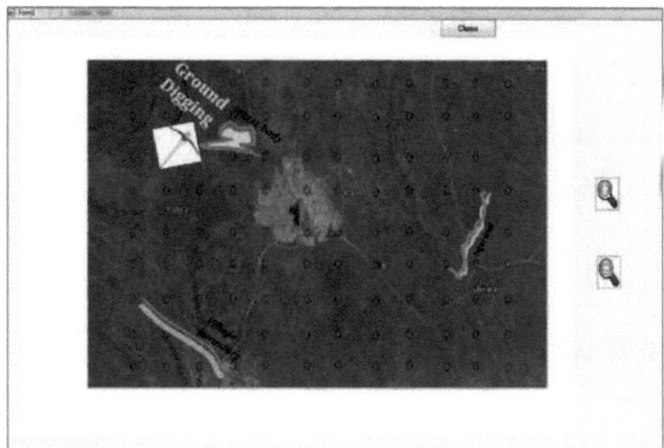

Figura 3.17: Escavação do solo à volta da massa de água na FG

Capítulo 4: Localização de fontes sonoras em LWSN

A localização de fontes sonoras é um processo com várias etapas: deteção, classificação e localização de eventos. Inicialmente, a recolha de dados e a sua separação, com base num evento de interesse, de ruídos e factos ambíguos. É um método contínuo para recolher os dados e processá-los através das técnicas elementares de aquisição de dados. A classificação é o segundo passo em que as várias características do sinal áudio recebido, como o Root Mean Square (RMS), o Zero Crossing Rate (ZCR), os Linear Prediction Coefficients (LPC) e os Mel-Frequency Cepstral Coefficients (MFCC), etc., são extraídas e aplicadas para identificar os diferentes tipos de eventos acústicos. O terceiro passo é encontrar a localização da fonte sonora desconhecida.

4.1 Métodos comuns de SSL

4.1.1 Diferença horária de chegada (TDoA)

Apresenta a previsão da localização desconhecida da fonte sonora associada ao tempo de receção da chegada do sinal aos receptores (timestamps de receção) e às localizações conhecidas dos receptores. São apresentados exemplos de métodos TDoA utilizando um conjunto de microfones num ambiente de sala[77, 76].

4.1.2 Ângulo de chegada (AoA)

O método consiste em trabalhar com microfones separados espacialmente para receber sinais sonoros e utilizar vários procedimentos para encontrar a diferença de fase da chegada do sinal a diferentes microfones.

4.1.3 Intensidade sonora recebida (RSI)

O método utiliza o princípio padrão da lei do inverso do quadrado para prever a localização da fonte sonora. Em resultado, o nó recetor pode medir a distância da fonte com base na intensidade do som recebido. No entanto, a propagação do som é altamente desuniforme num ambiente real como a floresta, onde não há visibilidade direta da fonte e do recetor. A folhagem provoca uma atenuação adicional do som que afecta significativamente a propagação do som. Assim, as alterações que ocorrem na intensidade do som a longa distância exigem métodos complexos para calcular o erro nas medições da intensidade do som recebido no recetor. A adequação destas técnicas depende dos tipos de sistemas e dos seus requisitos.

Aparentemente, a TDoA é a abordagem mais prática para determinar a posição de uma fonte sonora desconhecida para sistemas de monitorização de grandes áreas devido à sua simplicidade e aplicabilidade. Calcula a distância entre dois pontos utilizando a diferença entre os registos de tempo recebidos. Uma vez que o som se propaga com uma velocidade constante no meio, a distância (d) entre a fonte sonora e o recetor é diretamente proporcional ao tempo (t).

$$\textbf{Distance(d)} \propto \textbf{time(t)} \text{ ——} \textbf{eq. (i)}$$

4.2 Conceção do sistema proposto

Para verificar a precisão do algoritmo proposto, considerámos um sistema em que os nós sensores monitorizam continuamente a área de observação e enviam informações sensoriais, incluindo o ID do evento, os tipos de evento e os carimbos temporais de receção do evento para a estação de base através de uma rede de comunicação multi-hop, tal como descrito na secção 3.1.2 (Rede Multihop). O projeto e a implantação de LWSN propostos abordam um tipo determinístico de implantação de nós sensores na área de observação. De acordo com as estratégias de implantação propostas, os nós sensores formam uma grelha quadrada uniforme na área de observação. Cada nó sensor da rede tem um ID de nó em termos do número de linha e coluna da grelha quadrada uniforme, tal como (R1: C1). A ID do Nó Sensor está associada a uma localização GPS padrão na extremidade posterior dos registos para identificar a localização real na área de observação. Uma grelha quadrada uniforme de 20X20 Km é concebida sob a forma de um modelo de simulação no MATLAB, que é uma das ferramentas padrão utilizadas para simulações [78]. Cada nó sensor é implantado numa posição GPS conhecida com referência ao ID do nó sensor. Considera-se que cada nó sensor está a 1 km de distância do outro.

Considerámos aqui algumas suposições de que todos os nós sensores estão sincronizados no tempo e que não existem erros de posição. O algoritmo de localização de fontes sonoras baseado em TDoA proposto é uma forma de backtracking[79]. Assumimos que a fonte sonora real é um ponto aleatório na área de observação e passamos pelas iterações de seleção heurística da grelha quadrada até que as coordenadas calculadas da fonte sonora sejam quase iguais às coordenadas da fonte sonora real. O asterisco vermelho é um ponto aleatório no campo de observação, como mostra a figura. 4.2

O conjunto de distâncias entre o ponto aleatório e os nós sensores pode ser calculado pelo método da distância euclidiana padrão entre dois pontos em duas dimensões. Se R(X, Y) e S (X', Y), então a distância é dada por

$$\text{Distance (RS)} = \sqrt{((X' - X)^2 + (Y' - Y)^2)} \text{ ——eq. (ii)}$$

Uma vez que assumimos que o som se propaga com uma velocidade constante V= 330 m/s no meio. O conjunto do tempo de chegada é dado por TOA = Distância / V

$$\text{TOA} = \text{Distance/V}$$

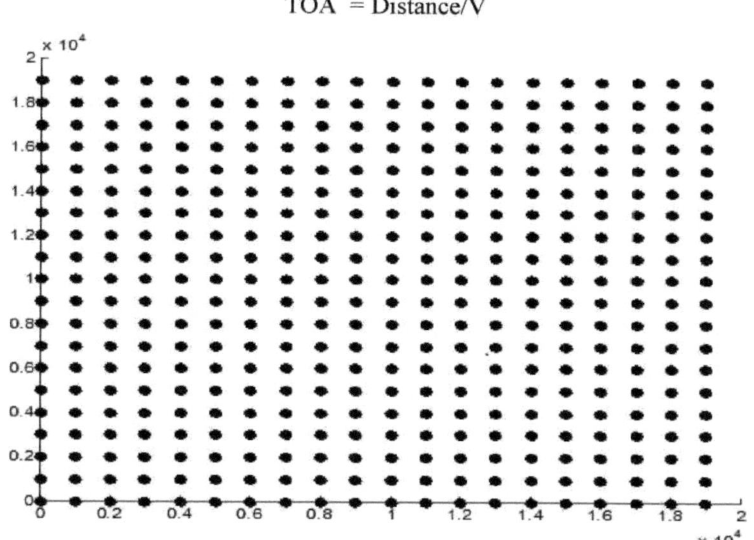

Figura 4.1: Grelha quadrada uniforme de nós sensores numa área de *20Km* ^{2}

A primeira iteração da seleção heurística da grelha quadrada com base na função mínima aplicada na TDoA. Na primeira iteração, os pontos seleccionados da grelha quadrada são representados por pontos vermelhos, cianos, amarelos e verdes na figura 4.3.

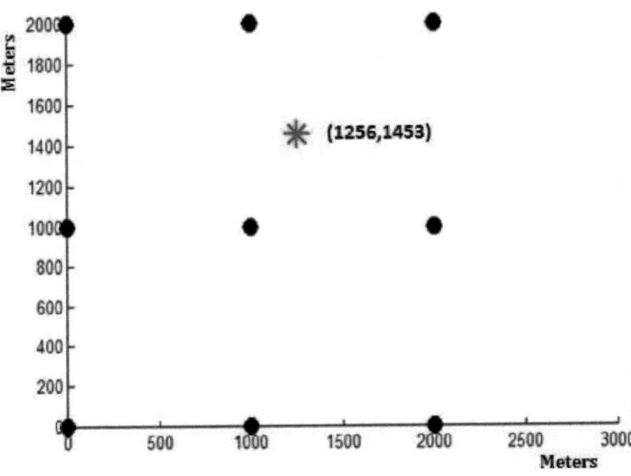

Figura 4.2: Localização aleatória de um evento numa grelha quadrada uniforme de *2Km*^{2}

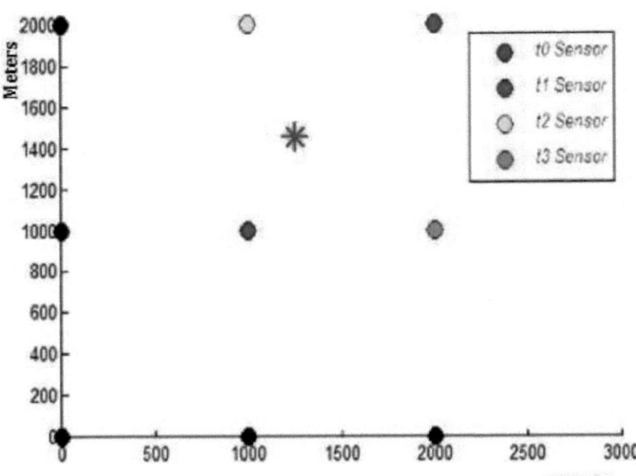

Figura 4.3: Seleção heurística de uma grelha quadrada uniforme de *1Km*^{2} com

referência a t0, t1, t2&t3

A seleção posterior da grelha quadrada interior mais provável é selecionada heuristicamente com referência a um recetor que tenha o menor valor de timestamp de receção mostrado na figura 4.5. Em seguida, a grelha quadrada interior mais provável é dividida em quadrados de *10X10m* para que o algoritmo aplicado possa verificar a probabilidade de localização da fonte sonora no ponto de 10X10m.

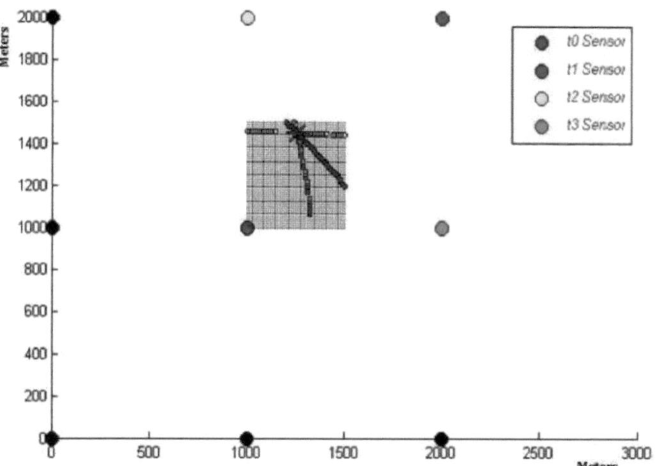

Figura 4.4: Seleção heurística de uma grelha quadrada uniforme de *500* m^2

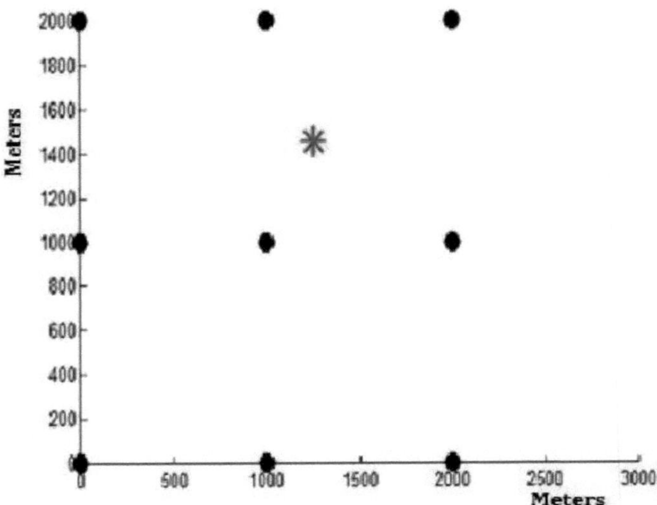

Figura 4.5: O evento sonoro ocorre em (1256,1453)

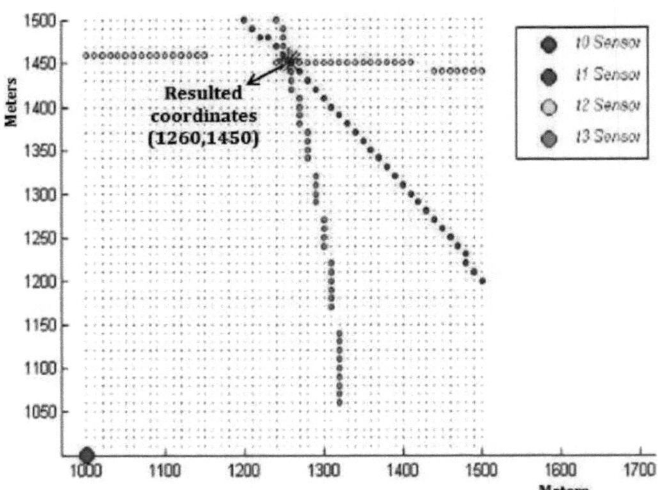

Figura 4.6: Os resultados da simulação apresentam um erro de 5 metros em relação ao evento acústico real

Os passos seguintes consistem em procurar os pontos que podem estar sobre as grelhas quadradas de 10Λ'10//// w.r.t. t1, t2, t3 e depois tirar a média de todos os pontos intersectados, como se mostra na figura 4.5. O erro será a distância entre a localização real e a calculada da fonte sonora.

4.3 Algoritmo heurístico SSL proposto

Esta secção aborda o algoritmo proposto, que é uma abordagem combinada da seleção heurística de um quadrado a partir de uma grelha quadrada uniforme para a implantação de nós sensores em redes de sensores sem fios de grande área e da diferença de tempo de chegada do sinal sonoro aos sensores. Consideramos que a fonte de som real é um ponto aleatório no terreno, tal como é considerado nos passos iniciais do algoritmo. Este algoritmo tem duas partes principais: Uma parte envolve o cálculo dos registos de tempo de receção em cada recetor utilizando a Eq. (i). Assumimos aqui que a velocidade do som é de 330 m/s. A segunda parte consiste em aplicar uma pesquisa heurística para encontrar a grelha quadrada interior mais provável no terreno. A primeira seleção da grelha quadrada baseia-se em três valores mínimos das marcas temporais de receção. Uma vez que os três valores mínimos de TOA eliminam a probabilidade de uma seleção errada da grelha quadrada.

Algoritmo 4.1: Pseudocódigo do algoritmo de localização da fonte sonora

```
/*/: Each sensor node is at a distance of 1000m from other.
Dist_Receivers ← 1000
/*/:Generate a random point in the area of 20000X20000 and assume the
      generated random point is the actual sound source.
Rand_X = round (rand (1)*20000) & Rand_Y = round (rand (1)*20000)
SOS_Coords [0] ← Rand_X & SOS_Coords [1] ← Rand_Y
/*/ : Assume speed of sound (m/sec) V
← 330
/*/:Coordinates of sensor nodes in the area of 20000X20000.
X_min ← 0, Y_min← 0
X_max ← 20000, Y_max ← 20000
Nx ← X_max / Dist_Receivers, Ny ← Y_max / Dist_Receivers n=0
FOR i = 1 to Nx x ← X_min + (i-1)* Dist_Receiver
FOR j = 1 to Ny y← Y_min + (j-1)* Dist_Receiver Receivers_Coords [n, 0]
 ← x & Receivers_Coords [n, 1] ← y
n= n+1 END
FOR END
FOR
/*/ : Calculate the distances of each receiver (Receiver_Coords) from Sound
      Source (SOS_Coords [ ]) in the area, where ToA is the Time of Arrival.
FOR k = 1 to Nx*Ny
Dist [k] = √((Receivers_Coords[k, 0] - SOS_Coords_X[0])2 +
(Receivers_Coords[k, 1] - SOS_Coords_Y [1])2) ToA_at_Receivers
[k] = dist [k]/V
END FOR
/*/ : Select a minimum value of receive timestamp.
f: t0 ←Min(ToA_at_Receivers)
```

```
/*/: Where t0 is the minimum value & Calculate time difference of arrival with
       respect to  t0
FOR s= 0 to Nx*Ny TDoA_at_Receivers[s] ← ToA_at_Receivers[s] t0 ENDFOR
f: TDoA[ ]=sort(TDoA_at_Receivers)
t0← TDoA[0]
t1← TDoA[1]
t2← TDoA[2]
/*/: Search square of receiver nodes having least three TDoA f:
SqGrid_1[ ][ ] =find_Receivers(t0,t1,t2)
/*/ : Find indices of receiver with t0 receive timestamp in SqGrid_1 f:
t0_Index← find(t0, SqGrid_1)
/*/: Select inner square grid with reference to t0_Receiver, and form a 500X500
       meter square  grid.
FOR r = 0 to 3
IF t0_Index equals to index THEN
SqGrid_2 [r, 0] ← SqGrid_1 [r, 0]
SqGrid_2 [r, 1] ← SqGrid_1 [r, 1] ELSE
SqGrid_2  [r,  0]  ←  (SqGrid_1  [r,  0]  +  SqGrid_1  [t0_Index,  0])/2
SqGrid_2 [r, 1] ← (SqGrid_1 [r, 1] + SqGrid_1 [t0_Index, 1])/2 END
IF
END FOR
f: axis_min_XY[] ← max(SqGrid_2) f:
axis_min_XY[] ← min(SqGrid_2)
/*/ : Divide SqaureGrid_2 into 10X10 meter square grid.
numOf_Divison← 50
Mx ← axis_min_XY[0]/ numOf_Divison
My ← axis_min_XY[1]/ numOf_Divison
```

```
u=0
FOR h = 1 to numOf_Divison
x′ ← axis_min_XY[0] + (h-1)* Mx
FOR g = 1 to numOf_Divison
y′ ← axis_min_XY[0] + (g-1)* My
mostProbable_innerSG [u, 0] ← x′
mostProbable_innerSG [u, 1] ←y′ u=
u+1
END FOR
END FOR
/*/ : Calculate distance between t0_receiver and each point of most probable
      inner square grid of 10X10 meter
FOR z = 1 to (numOf_Divison * numOf_Divison)
Dist_fr_t0[z]=
√((mostP robable_innerSG[z, 0] − SqGrid_2[t0_Index, 0])2 +
(mostP robable_innerSG[z, 1] − SqGrid_2[t0_Index, 1]))2) END FOR
/*/ : Repeat to calculate distances w.r.t. t1, t2 and t3 Repeat: Step40 to
find Dist_fr_t1[ ], Dist_fr_t2[ ], Dist_fr_t3[ ]
/*/ : Calculate time difference of arrival with respect to t0
FOR w = 1 to (numOf_Divison * numOf_Divison)
TDOA_at_t1_Receiver[w] = Abs (Dist_fr_t0 [w] − Dist_fr_t1 [w])/V
TDOA_at_t2_Receiver[w] = Abs (Dist_fr_t0 [w] − Dist_fr_t2 [w])/V
TDOA_at_t3_Receiver[w] = Abs (Dist_fr_t0 [w] − Dist_fr_t3 [w])/V END
FOR
/*/ : Check if calculated time difference of arrival at t1 receiver is
      approximately equal to t1, then select those points of most probable inner
      square grid and draw a curve with reference to t1, do the same for t2 and
      t3
FOR q= 1 to (numOf_Divison * numOf_Divison) IF
TDOA_at_t1_Receiver[q] t1 THEN
Curve_Ref_t1 [q, 0] ← mostProbable_innerSG [q, 0]
Curve_Ref_t1 [q, 1] ← mostProbable_innerSG [q, 1]
END IF
```

```
IF TDOA_at_t2_Receiver[q] t2 THEN
Curve _Ref_t2 [q, 0] ← mostProbable_innerSG [q, 0]
Curve_Ref_t2 [q, 1] ← mostProbable_innerSG [q, 1] END
IF
IF TDOA_at_t3_Receiver[q] t3 THEN
Curve _Ref_t3 [q, 0] ← mostProbable_innerSG [q, 0]
Curve _Ref_t3 [q, 1] ← mostProbable_innerSG [q, 1]
END IF
END FOR
/*/ : Finds the intersected point of three curve w.r.t. t1, t2 and t3.
f :IntersectCoords[ ][ ] ← Intersection (Curve_Ref_t1, Curve _Ref_t2, Curve
 _Ref_t3)
/*/ : Calculate mean of all intersected point
f: Calculated_Sound_Coords[ ] = Mean(IntersectCoords [ ] [ ] )
/*/ : Calculate the distance error between calculated and actual
      coordinates of sound source.
Dist_Error = (Calculated_Sound_Coords[]- SOS_Coords[])
```

Capítulo 5: Resultados e análise

A fim de avaliar a compatibilidade da arquitetura proposta para a rede de sensores sem fios em camadas, a estratégia de implantação e o esquema de encaminhamento de dados para a rede multi-hop na camada 1. Uma rede de teste de amostra foi implantada durante um mês. Os testes incluíram o conjunto de eventos simulados em diferentes intervalos de tempo.

5.1 Tipos de pacotes

1. **Balizas de saúde** Cada nó sensor da rede implantada foi programado para enviar balizas de saúde em intervalos de tempo regulares. O valor definido do intervalo de tempo para o teste de amostragem foi de 6 horas. O intervalo de tempo pode ser alterado de acordo com os requisitos. Basicamente, o sinalizador de saúde uma ou duas vezes por dia é suficiente para reduzir o tráfego e o consumo de energia.
2. **Pacote de eventos** Foram realizados eventos simulados para testar a conceção, a implantação e o esquema de encaminhamento propostos para as redes de sensores sem fios. Os testes foram efectuados para quatro tipos de eventos identificados por um número específico e localizados com a referência das coordenadas dos nós sensores implantados na rede proposta e a identificação do nó sensor.

5.2 Tipos de eventos

1. **Tiro: Tipo < 1 >** Os dados de conteúdo do pacote de eventos são agregados

na estação de base e processados através do algoritmo de localização da fonte sonora e localizados na interface de visualização com referência às coordenadas dos nós sensores implantados.

2. **Passagem do tigre: Tipo < 2 >** Os dados de conteúdo do pacote de eventos são processados na estação de base e localizados na interface de visualização com referência às coordenadas dos nós sensores implantados.
3. **Passagem humana: Tipo < 3 > Os** dados de conteúdo do pacote de eventos são processados na estação de base e localizados na interface de visualização com referência às coordenadas dos nós sensores implantados.
4. **Escavação no solo: Tipo < 4 >** Os dados de conteúdo do pacote de eventos são processados na estação de base e localizados na interface de visualização com referência às coordenadas dos nós sensores implantados.

5.3 Registo de dados

5.3.1 Farol de saúde

O registo de dados de cada nó sensor é mantido na estação de base. A Figura 5.1 mostra apenas a identificação do nó sensor (R:1C:1). O valor realçado a amarelo muda a cada 6 horas. Se a estação de base não receber um pacote Health Beacon do nó sensor num determinado intervalo de tempo, então a estação de base considera-o como um nó sensor morto e fixa a hora do último Health Beacon recebido como a hora de fim. O mesmo registo de dados seria efectuado para os restantes nós sensores.

Node Id	Start time	Health Beacon Set-6 hours	End time
(R:1C:1)	11/11/14/8:00	11/11/14/14:00	
--	--	--	
--	--	10/12/14/08:00	
			10/12/14/08:00

Figura 5.1: Baliza de saúde de (R1:C1)

5.3.2 Eventos

Registo de dados do evento: Durante o teste de amostra da rede implementada durante um mês, foram realizados quatro tipos de eventos simulados em alturas diferentes. O conteúdo do registo de dados do evento pode informar sobre a ID do evento, o tipo de evento, a localização do evento e os dados/tempo. A denotação do ID do evento é o tipo de evento com o número de ocorrências do mesmo evento representado no formato de número romano. A estação de base também pode agregar informações sobre eventos de vários nós sensores e comunicar os eventos perdidos no registo de dados de eventos.

	Event ID	Event Type	Location	Date/Time	Events missed
Day1	2i	2	(R:1,C:3)	11/11/14/5:01	
Day1	3i	3	(R:5,C:3)	11/11/14/14:01	
Day2	1i	1	Cords x y	12/11/14/11:30	
Day3	2iii	2	(R:2,C:2)	13/11/14/00:02	2ii
Day4	4ii	4	(R:1,C:1)	14/11/14/09:30	4i
Day4	4iii	4	(R:2,C:3)	14/11/14/07:34	
Day4	3ii	3	(R:1,C:4)	14/11/14/00:45	
Day5	2iv	2	(R:1,C:3)	15/11/14/10:30	
Day6	1ii	1	Cords x y	16/11/14/04:28	
Day6	4v	4	(R:5,C:3)	16/11/14/11:16	4iv
Day6	2v	2	(R:5,C:4)	16/11/14/15:18	
Day7	2vi	2	(R:1,C:2)	17/11/14/11:30	
Day8	3iii	3	(R:4,C:1)	18/11/14/05:24	
Day8	2vii	2	(R:1,C:5)	18/11/14/16:31	
Day9	4vii	4	(R:2,C:3)	19/11/14/13:09	4vi
Day10	1iii	1	Cords x y	20/11/14/07:41	
Day10	2viii	2	(R:5,C:2)	20/11/14/04:16	
Day11	2ix	2	(R:3,C:5)	21/11/14/11:13	
Day12	4viii	4	(R:1,C:1)	22/11/14/15:03	
Day12	1iv	1	Cords x y	22/11/14/08:18	
Day13	3iv	3	(R:1,C:2)	23/11/14/16:16	
Day14	2x	2	(R:3,C:3)	24/11/14/06:34	
Day15	3v	3	(R:4,C:3)	25/11/14/19:02	
Day16	1v	1	Cords x y	26/11/14/14:45	
Day16	4ix	4	(R:2,C:2)	26/11/14/19:17	
Day17	3vi	3	(R:1,C:3)	27/11/14/13:56	
Day17	2xi	2	(R:4,C:1)	27/11/14/16:01	2xii
Day18	2xiii	2	(R:4,C:4)	28/11/14/11:58	
Day18	4x	4	(R:1,C:3)	28/11/14/04:56	
Day18	3vii	3	(R:4,C:3)	28/11/14/07:38	
Day19	4xi	4	(R:1,C:3)	29/11/14/16:18	
Day20	3viii	3	(R:3,C:3)	30/11/14/15:37	
Day21	2xiv	2	(R:2,C:2)	1/12/14/17:41	
Day21	4xii	4	(R:1,C:5)	1/12/14/22:11	
Day22	1vi	1	Cords x y	2/12/14/21:17	
Day22	3ix	3	(R:3,C:5)	2/12/14/10:34	
Day22	3x	3	(R:1,C:4)	2/12/14/18:40	
Day22	4xii	4	(R:1,C:3)	2/12/14/17:25	
Day23	3xi	3	(R:1,C:3)	3/12/14/09:04	
Day23	2xv	2	(R:5,C:3)	3/12/14/18:08	
Day24	2xvi	2	(R:4,C:1)	4/12/14/12:10	
Day25	4xiii	4	(R:2,C:3)	5/12/14/16:31	
Day26	3xii	3	(R:1,C:2)	6/12/14/15:45	
Day27	2xvii	2	(R:4,C:4)	7/12/14/23:17	
Day27	1vii	1	Cords x y	7/12/14/16:23	
Day28	4xv	4	(R:1,C:3)	8/12/14/06:56	4xiv
Day28	2xviii	2	(R:5,C:3)	8/12/14/11:12	
Day29	4xvi	4	(R:1,C:1)	9/12/14/10:51	
Day30	3xiii	3	(R:2,C:3)	10/12/14/09:47	
Day30	2xix	2	(R:1,C:4)	10/12/14/08:34	

Figura 5.2: Registo de eventos

5.4 Atributos de rede

O RSSI de cada pacote de dados recebido foi registado na estação de base. Os pacotes de dados incluem Health Beacons, pacotes de dados de eventos e também pacotes de controlo recebidos aquando do estabelecimento da rede. Os seguintes atributos de rede são considerados para medir o desempenho da rede.

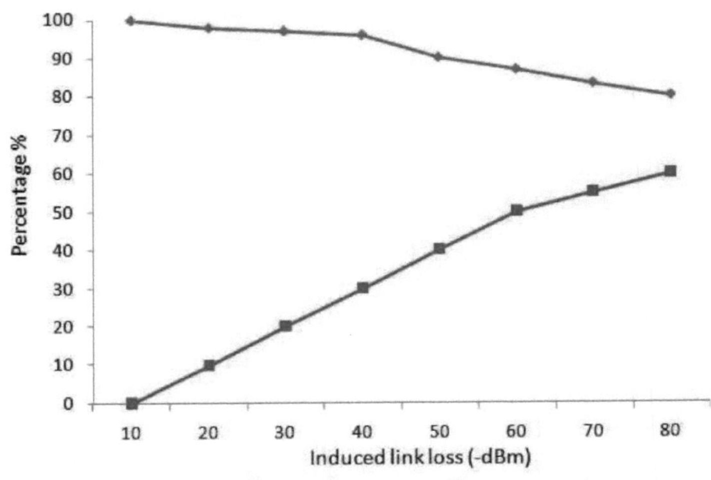

Figura 5.3: Fiabilidade de extremo a extremo e taxa de retransmissão

5.4.1 Fiabilidade de ponta a ponta

A fiabilidade de extremo a extremo é o rácio entre o número de pacotes de dados únicos enviados pelos nós sensores e o número de pacotes de dados únicos recebidos pela estação de base.

5.4.2 Taxa de retransmissão

A taxa de retransmissão é a relação entre o número de pacotes retransmitidos e o número total de pacotes enviados pelos nós sensores. O limite máximo de tentativas de retransmissão é 3.

5.4.3 Perda de eventos

A perda média de eventos é definida como o rácio entre o número de pacotes de eventos recebidos pela estação de base a partir dos nós sensores no salto (n) e o número total de pacotes de eventos gerados a partir dos nós sensores no salto (n). Onde (n) é o número de saltos

Tabela 5.1: Perda de eventos

Event loss	Percent %
Average event losses from sensor nodes at hop 1	0 – 0.1
Average event losses from sensor nodes at hop 2	1 – 1.5
Average event losses from sensor nodes at hop 3	2 – 4
Average event losses from sensor nodes at hop 4	6 – 10
Average event losses from sensor nodes at hop 5	12 – 17
Average event losses from sensor nodes at hop 6	20 – 22

número.

5.5 Localização da fonte sonora

O algoritmo proposto foi testado várias vezes para verificar a sua exatidão no sistema em causa. De cada vez que gera coordenadas aleatórias de uma localização desconhecida da fonte sonora no campo, o resultado é uma localização conhecida da fonte sonora no campo. Embora não tenhamos incluído o erro de posição e o erro de sincronização temporal nas simulações. A Tabela 5.2 mostra algumas vezes os resultados da simulação. Nas duas colunas da tabela, tomámos as coordenadas reais da fonte sonora e as duas colunas seguintes são as coordenadas calculadas da fonte sonora. A última coluna da tabela representa o erro na ronda de distância (metros) entre as coordenadas reais e as coordenadas calculadas da fonte sonora. O resultado confirma que o erro de distância não é superior a 10 metros em qualquer tentativa de simulação. Isto prova que a posição da fonte sonora deve estar dentro do círculo de 10 metros de raio.

Tabela 5.2: Simulação de 10 instâncias diferentes da Fonte Sonora

Actual (Coords)		Calculated (Coords)		**Error**
X	**Y**	**X'**	**Y'**	**Distance (m)**
557	1094	560	1100	6
1915	1930	1915	1930	0
315	1941	315	1945	4
1914	971	1910	980	9
1601	284	1600	280	4
1311	71	1310	70	1
1698	1868	1700	1870	2
1357	1515	1360	1520	5
1486	784	1485	785	1
1311	342	1310	340	2

Capítulo 6: Conclusões

6.1 Conclusões

Este livro resolveu questões pré-definidas da conceção e implantação de redes de sensores em grandes áreas. Os resultados dos testes de perda de ligações de rádio simplificaram a forma de determinar a posição óptima dos nós sensores em grandes áreas como a floresta. No entanto, a rede aplicada pode ser facilmente avaliada para qualquer tamanho de aplicação de monitorização de área. O sistema também forneceu uma solução de cobertura completa de sensores de curto e longo alcance de uma forma muito competente, utilizando a conceção de rede em camadas. O movimento diagonal (2D) na conceção da rede multi-hop de grelha quadrada na camada 1 reduziu o número de saltos necessários para encaminhar os pacotes de dados para a estação de base. A conceção da rede multi-hop de grelha quadrada também tem oito vizinhos adjacentes para oito rotas possíveis para enviar dados de forma fiável para a estação de base. Isto confirma que, em caso de falha dos nós sensores, a rede pode sobreviver e ajudar na manutenção através do envio de um relatório de falha dos nós sensores para a estação de base. Uma vez que se esperam apenas dois tipos de pequenos pacotes de dados, que são as balizas de saúde e as informações sobre eventos. Assim, o tráfego de dados é relativamente muito reduzido. Mais precisamente, tem sido funcional comunicar à estação de base as ocorrências de múltiplos eventos em torno da floresta. Para a implementação real da LWSN proposta, foi utilizado o eMotes com os seus próprios esquemas de firmware. Além disso, as novas versões fornecerão mais utilidades para a rede de sensores sem fios de grande área.

O algoritmo de localização da fonte sonora é apresentado com base na abordagem combinada do TDOA e da seleção heurística da grelha quadrada. No entanto, o algoritmo proposto é mais adequado para a monitorização de eventos sonoros em grandes áreas de redes de sensores sem fios. Os resultados da simulação também verificam que a região de erro é de 10X10 metros da área quadrada, o que é uma precisão razoável na área de observação da grelha quadrada de 20X20Km.

6.2 Descoberta durante o trabalho de investigação

1. Levantamento de florestas e recolha de dados logísticos de eventos e suas prováveis localizações

2. Identificar o local para as experiências (Reserva de Tigres de Panna, Madhya Pradesh).

3. Implementar uma amostra de RSSF com 25 nós sensores nas zonas húmidas de Columbus, EUA.

4. Testou e demonstrou um modelo de amostra na reserva de tigres de Panna, Madhya Pradesh, e também demonstrou no Wildlife Institute of India, Dehradun.

6.3 Contribuição para a investigação e novidade do trabalho

Este trabalho de investigação é realizado com o objetivo de aumentar a produtividade no domínio das redes de sensores sem fios de grande dimensão, através dos seguintes desafios:

1. Prosseguiu processos de conceção orientados para as aplicações que

permitirão o desenvolvimento da tecnologia e contribuirão para a sua adoção num futuro próximo.

2. Percorreu o caminho desde a teoria até às implementações práticas em redes de sensores de grande área.
3. Forneceu um produto para a monitorização de grandes áreas que pode ser facilmente operado por utilizadores inexperientes.
4. Apresentou um algoritmo para descobrir a fonte sonora com um erro de 10 m de raio em redes de sensores sem fios de grande área.

6.4 Trabalho futuro

Neste trabalho de investigação, começámos por estudar as medidas fundamentais das redes de sensores sem fios de grande área. Estas medidas fundamentais envolveram o planeamento da conceção da rede, estratégias de implantação e esquemas de encaminhamento de dados. Durante a implantação da rede, tivemos experiências inesquecíveis de trabalho no ambiente florestal. É necessário muito tempo e paciência para recolher resultados no ambiente florestal. O sucesso deste trabalho é confirmado pelo facto de se transformar numa aplicação real de redes de sensores sem fios de grande área. Embora estejamos continuamente a tentar melhorar o desempenho das redes, nas próximas fases tentaremos impor aperfeiçoamentos em factores como o tempo de vida da rede, o atraso médio de extremo a extremo, a taxa de transferência e várias técnicas de deteção de eventos e a sua marcação temporal. No futuro, o algoritmo de localização de fontes sonoras proposto será aperfeiçoado tendo em conta os vários efeitos da propagação do som em ambientes interiores e exteriores.

Referências

[1] "http://www.wpsi-india.org/statistics/ ; último acesso em 25/05/18,"

[2] "http://www.wpsi-india.org/ tiger/ poaching_crisis.php ; último acesso em 25/05/18,"

[3] "http://pib.nic.in/newsite/erelease.aspx?relid=76176%29 ; último acesso em 25/05/18,"

[4] V. Athreya, "Lessons from human-wildlife conflicts", *The hindu survey of the environment,* 2010.

[5] "http://www.ndtv.com/south/three-poachers-arrested-for-killing-a-leopard-in- tamil- nadu-551686 ; último acesso em 25/05/18,"

[6] "http://www.ndtv.com/india-news/3-poachers-killed-by-forest-guards-in-assams- kaziranga-national-park-726881 ; último acesso em 25/05/18,"

[7] "http://www.wpsi-india.org/statistics/indiantigers ; último acesso em 25/05/18,"

[8] "https://timesofindia.indiatimes.com/city/bhopal/poachers-kill-tiger-inside-panna-
reserve-toll-hits-26/articleshow/62180520.cms ;acedido pela última vez em 25/05/18,"

[9] "http://indiasendangered.com/tiger-count-goes-up-in-panna-but-threat-still-looms- large/ ; último acesso em 25/05/18,"

[10] "http://www.thehindu.com/news/national/other-states/panna-tigers-under-threat-from- illegal-mining/article13375343.ece ; último acesso em 25/05/18,"

[11] "https://www.news18.com/news/india/tigress-perishes-to-electrified-poaching- snare-in- panna-25-die-in-2017-in-mp-1611177.html ; último acesso em 25/05/18,"

[12] N. F., "An overview on wireless sensor networks," *Institute of Computer Science (ICS),* pp. 1-8, 2010.

[13] M. Cherian e T. R. G. Nair2, "Priority based bandwidth allocation in wireless sensor networks," *International Journal of Computer Networks& Communica- tions(IJCNC),* vol. 6, no. 6, pp. 119-129, 2014.

[14] A. T., "Wireless sensor network architecture and its applications", *Electronics Projects Focus(Elprocus)*, 2015.

[15] Y. Y. Deepak G., A. Cerpa, "Networking issues in wireless sensor networks", *Journal of Parallel and Distributed Computing (JPDC),* 2004.

[16] F. M. Kay Romer, "The design space of wireless sensor networks", *IEEE Wireless Communications*, 2005.

[17] J. A. Alan Mainwaring, Joseph Polastre, "Wireless sensor networks for habitat monitoring," *ACM International workshop on Wireless Sensor Networks and Applications (WSNA),Atlanta,GA,USA,* 2002.

[18] D. R. Philo Juang, Hidekazu Oki, "Energy-efficient computing for wildlife tracking: Design tradeo s and early experiences with zebranet," *10th International Conference on Architectural Support for Programming Languages and Operating Systems (ASPLOS-X) San Jose, CA, USA, ACM,* pp. 96-107, 2002.

[19] Z. B. et. al., "Cows: Cercas virtuais para controlo de vacas", *In WAMES 2004, Boston, EUA*, 2004.

[20] K. M. et. al., "Glacsweb: Uma rede de sensores para glaciares", *In Adjunct*

Proc. EWSN 2004, Berlim, Alemanha, 2004.

[21] I. W. M. et.al., "Self- organizing sensor networks," *In UbiNet 2003, London, UK* ,2003.

[22] "Argo - rede global de sensores oceânicos. www.argo.-ucsd.edu,"

[23] R. Riem-Vis, "Cold chain management using an ultra low power wirelesssensor network, "*In WAMES2004, Boston,USA,* 2004.

[24] S. A. et. al., "Instruções proactivas para a montagem de mobiliário", *In Proc. Ubicomp 2002, Gotemburgo, Suécia,* 2002.

[25] C. K. et. al., "A real-world, simple wireless sensor network for monitoring electrical energy consumption," *In Proc.EWSN2004,Berlin,Germany,* 2004.

[26] H. B. et. al., "Reliable set-up of medical body-sensor networks," *In Proc.EWSN 2004,Berlin,Germany,* 2004.

[27] W. M. M. et. al., "Collaborative networking requirements for unattended ground sensor systems," *In Proc. IEEE Aerospace Conference,* 2003.

[28] R. B. et. al., "Pervasive computing and proactive agriculture," *In AdjunctProc. PERVASIVE 2004, Viena, Áustria,* 2004.

[29] F. M. et. al., "Applying wearable sensors to avalanche rescue," *Computersand Graphics,* vol. 27, no. 6, pp. 839-847, 2003.

[30] "A experiência das 29 palmas: Tracking vehicles with auav-delivered sensor net- work.tinyos.millennium.berkeley.edu/29palms.htm.,"

[31] M. M. G. Simon, A. Ledezczi, "Sensor network- based countersniper system," *In Proc. SenSys, Baltimore, USA*, 2004.

[32] R. R. Patra e P. K. Patra, "Analysis of k-coverage in wireless sensor networks," *International Journal of Advanced Computer Science and*

Applications(IJACSA), vol. 2, no. 9, pp. 91-96, 2011.

[33] P. et· al., "Realtime multiple sound source localization and counting using a circular microphone array," *IEEE Transactions on Audio, Speech and Language Processing,* vol. 21, no. 10, pp. 2193-2206, 2013.

[34] C. et. al., "A survey of sound source localization methods in wireless acoustic sensor networks," *Hindawi Wireless Communications and Mobile Computing,* pp. 1-25,2017.

[35] M. V. S. L. et al., "Efficient steered-response power methods for sound source localization using microphone arrays," *IEEE Signal Processing Letters,* 2014.

[36] J. A. Dmochowski, J. Benesty, "A generalized steered response power method for computationally viable source localization," *IEEE Trans. SpeechAudio Process,* vol. 15,pp. 2510-2526, 2007.

[37] Y. H. J. Benesty, J. Chen, "Microphone array signal processing", *Heidelberg: Springer*, 2010.

[38] C. Knapp e G. Carter, "The generalized correlation method for estimation of time delay," *IEEE Transactions on Acoustics, Speech, and Signal Processing,* vol. 24, no. 4, 1976.

[39] A. c. Lin wang, "Processamento tempo-frequência para localização de fontes sonoras a partir de um micro veículo aéreo", *Conferência Internacional do IEEE sobre Acústica, Fala e Processamento de Sinais (ICASSP),* 2017.

[40] M. Inkyu, "Reflection-aware sound source localization," *http://sglab.kaist.ac.kr/RA-SSL,* 2010.

[41] O. E. et al., "Distributed time-difference-of-arrival (tdoa) -based localization of a moving target," *IEEE 55th Conference on Decision and Control (CDC)*

Las Vegas, NV, USA , 2016.

[42] A. Alexandridis e A. Mouchtaris, "Multiple sound source location estimation and counting in a wireless acoustic sensor network," *IEEE Workshop on Appli- cations of Signal Processingto Audio and Acoustics. New Paltz, NY,* pp. 1-5, 2015.

[43] D. E. Hanbiao Wang, Jeremy Elson, "Target classiffication and localization in habitat monitoring," *IEEE Inter-national Conference on Acoustics, Speech, and Signal Processing (ICASSP 2003),Hong Kong,China,* 2003.

[44] D. T. Benyuan Liu, "A study of the coverage of large scale sensor networks," *International Conference on Mobile Ad-hoc and Sensor Systems (MASS),IEEE,* 2004.

[45] J. M. H. Phil Buonadonna, David Gay, "Task: Sensor network in a box, ieee micro," *IEEE Micro,* vol. 22, n.º 6, pp. 12-24, 2005.

[46] S. F. Carsten Buschmann, Dennis P sterer, "Spyglass: A wireless sensor network visualizer", *Newsletter, ACM, SIGBED- Special issue Best of sensys, Nova Iorque, EUA, ACM,* 2004.

[47] A. D. Bhawana Parbat, "Ferramentas de visualização de dados para wsns: A glimpse," *International Journal of Computer Applications*, vol. 2, no. 1, 2010.

[48] J. M. H. Samuel R. Madden, Michael J. Franklin, "Tinydb: An acquisitional query processing system for sensor networks," *ACM Trans-action on Database Systems*, 2004.

[49] K. R. Matthias Ringwald, "Implantação de redes de sensores: Problems and passive inspection", *IntelligentSolutions in EmbeddedSystems, IEEE,* pp. 179-192, 2007.

[50] W. Y. Poe e J. B. Schmitt, "Node deployment in large wireless sensor networks: Coverage, energy consumption, and worst-case", *Conferência Asiática de Engenharia da Internet AINTEC09, Nova Iorque, EUA, ACM,* pp. 77-84, 2009.

[51] U. et. al., "Coverage analysis of various wireless sensor network deploy- ment strategies," *International Journal of Modern Engineering Research (IJMER)International Journal of Modern Engineering Research (IJMER),* vol. 3, no.
2, pp. 995-961, 2013.

[52] A. et al, "Coverage analysis of various wireless sensor network deployment strate- gies," *International Journal of AdvancedComputer Science and Applications,* vol. 6, no.
11, pp. 265-270, 2015.

[53] K. et al, "Real-time flood monitoring using wireless sensor networks," *Journal of the Institution of Engineers,Mauritius*, pp. 59-69, 2013.

[54] S. et al, "A simple flood forecasting scheme using wireless sensor networks," *InternationalJournalofAdhoc; Sensor & Ubiquitous Computing (IJASUC),* vol.
3, no. 1, pp. 45-60, 2012.

[55] A. N. K. T. Rama Rao, D. Balachander e S. Oscar, "Rf propagation measurements in forest & plantation environments for wireless sensor networks," *Conferência Internacional sobre Tendências Recentes em Tecnologias da Informação, Chennai, TamilNadu,* pp. 308-313, 2012.

[56] A. L. S. O. Luis Javier Garcia Villalba, "Routing protocols in wireless sensor networks," *Sensors*, pp. 8399-8421, 2009.

[57] A. L. Diedrichs et al, "Low-power wireless sensor network for frost monitoring in agriculture research," *IEEE Biennial Congress of Argentina (ARGENCON), Argentina*, 2014.

[58] A. Bhattacharya et al, "Smart connect: A system for the design and deployment of wireless sensor networks," *IEEEXplore,* pp. 1-10, 2012.

[59] M. H. et al., "Wireless sensor network border monitoring system: Deployment issues and routing protocols," *IEEE Sensors Journal,* vol. 17, no. 8, pp. 2572-2582, 2017.

[60] J. Li et al, "Connectivity, coverage and placement in wireless sensor networks," *Sensors,* vol. 9, pp. 7664-7693, 2009.

[61] A. K. Paul e T. Sato, "Localization in wireless sensor networks: A survey on algorithms, measurement techniques, applications and challenges", *J. Sens. Actuator Netw,* vol. 6, no. 24, pp. 1-23, 2017.

[62] Y. et al., "A robust time difference of arrival estimator in reverberant environments," *17th EuropeanSignal ProcessingConference, Glasgow, Scotland,* 2009.

[63] J. Nikunen e T. Virtanen, "Time-difference of arrival model for spherical microphone arrays and application to direction of arrival estimation," *25th EuropeanSignal ProcessingConference,* pp. 1295-1299, 2017.

[64] M. Farmani et al, "Informed sound source localization using relative transfer functions for hearing aid applications," *IEEE/ACM Transactions On Audio, Speech, AndLanguage Processing,* pp. 1-13, 2017.

[65] Y. Rui e D. Florêncio, "Novas abordagens directas para a localização robusta de fontes sonoras," ,2014.

[66] F. B. Silva e W. A. Martins, "Robust tdoa-based sound source localization," *XXXIIISimposioBrasileiro De Telecomunicac,* pp. 1-3, 2015.

[67] I. An et al, "Reflection-aware sound source localization. retrieved," , 2017.

[68] M. Ranjikesh e R. Hasanzadeh, "Método rápido e preciso de localização da fonte sonora utilizando a combinação óptima das metodologias srp e tdoam", *Journal of Information Systems and Telecommunication,* vol. 3, n.º 2, pp. 100-107, 2015.

[69] R. Peng e M. L. Sichitiu, "Angle of arrival localization for wireless sensor networks" (Localização do ângulo de chegada para redes de sensores sem fios), *IEEE Sensor and AdHoc Communications and Networks, Reston, VA, EUA,* 2006.

[70] O. A. et al, "A simple technique for angle of arrival measurement," *Antennas and PropagationSocietyInternational Symposium,* 2008.

[71] B. et al, "A simple angle of arrival estimation scheme," *Recuperado em 22 de janeiro de 2018 e de https://arxiv.org/pdf/1409.5744.pdf,* 2018.

[72] Y. Erhel e F. Marie, "An operational hf system for single site localization," *IEEEXplore,* pp. 1-6, 2007.

[73] I. T. Union, "Comparison of time-difference-of-arrival and angle-of-arrival meth- ods of signal geolocation. sm series spectrum management," *ITU Electronic Publication,Geneva,* 2014.

[74] X. Zhang et al, "Comparação de desempenho de técnicas de localização para descoberta sequencial de wsn", 2012.

[75] F. Miao et al, "A moving sound source localization method based on tdoa," *Inter-noise*, pp. 1-7, 2014.

[76] C. R. et al., "Direct joint source localization and propagation speed estimation," *in Proc. IEEE Int. Conf. Acoustic, Speech, Signal Processing, Phoenix, AZ*, pp. 1169-1172,1999.

[77] M. B. et al., "A closed-form location estimation for use with room environment microphone array," *IEEE Trans. SpeechAudio Process,* vol. 5, pp. 45-50, 1997.

[78] R. K. et al., "Sound source localization in large area wireless sensor networks - a heuristic approach," *IEEE India Conference (INDICON),* 2014.

[79] "https://in.mathworks.com/,"

[80] C. Zhu, "A survey on coverage and connectivity issues in wireless sensor networks," *Journal of Network and Computer Networks (JNCN),* vol. 35, no. 2, pp. 619-632, 2012.

[81] M. K. Naregalkar Akshay, "An efficient approach for sensor de-ployments in wireless sensor network," *INTERACT,IEEE,* 2010.

[82] S. Empresa, "Manual de informação", 2018.

Printed by Books on Demand GmbH, Norderstedt / Germany